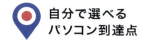
自分で選べる
パソコン到達点

これからはじめる
Access の本
アクセス

Office 2024 / 2021 / 2019 / Microsoft 365 対応版

技術評論社

本書の特徴

- 最初から通して読むと、体系的な知識／操作が身に付きます。
- 読みたいところから読んでも、個別の知識／操作が身に付きます。
- ダウンロードした練習ファイルを使って学習できます。

▶ 本書の使い方

本文は、01、02、03…の順番に手順が並んでいます。この順番で操作を行ってください。
それぞれの手順には、❶、❷、❸…のように、数字が入っています。
この数字は、操作画面内にも対応する数字があり、操作を行う場所と、操作内容を示しています。

▶ この章で学ぶこと

具体的な操作方法を解説する章の冒頭の見開きでは、その章で学習する内容をダイジェストで説明しています。このページを見て、これからやることのイメージを掴んでから、実際の操作にとりかかりましょう。

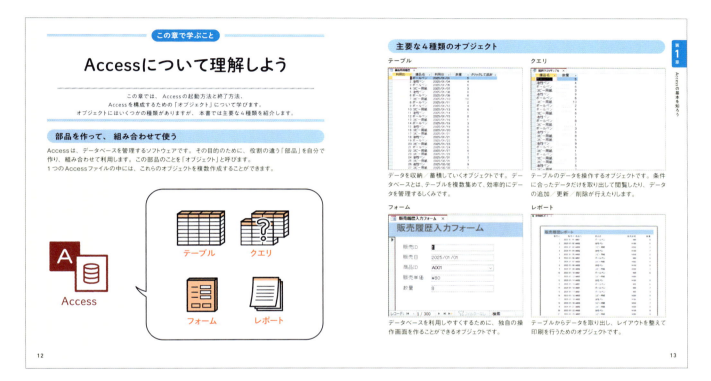

動作環境について

- 本書は、Access 2024とAccess 2021、Access 2019およびMicrosoft 365のAccessを対象に、操作方法を解説しています。
- 本文に掲載している画像は、Windows 11とMicrosoft 365のAccessの組み合わせで作成しています。ほかのバージョンでは、操作や画面に多少の違いがある場合があります。詳しくは、本文中の補足解説を参照してください。
- Windows 11以外のWindowsを使って動作させている場合は、画面の色やデザインなどに多少の違いがあることがあります。

練習ファイルの使い方

▶ 練習ファイルについて

本書の解説に使用しているサンプルファイルは、以下のURLからダウンロードできます。

https://gihyo.jp/book/2025/978-4-297-14688-7/support

練習ファイルと完成ファイルは、レッスンごとに分けて用意されています。たとえば、「2-3　データを入力しよう」の練習ファイルは、「02-03a」という名前のファイルです。また、完成ファイルは、「02-03b」という名前のファイルです。ただし、本文の内容によっては、サンプルがない節もあります。ご了承ください。
なお、サンプルファイルをAccessで開いた際に、［セキュリティリスク］のメッセージバーが表示された場合、155ページの「トラストセンターを設定する」を参照してください。

▶ 練習ファイルをダウンロードして展開する

ブラウザー（ここではMicrosoft Edge）を起動して、上記URLを入力し❶、 Enter キーを押します❷。

表示されたページにある［ダウンロード］欄の［練習ファイル］を左クリックします❶。

[開く]（または[ファイルを開く]）を左クリックします❶。

[エクスプローラー]が表示されます。「Sample」フォルダーを左クリックして❶、[すべて展開]を左クリックします❷。[すべて展開]が表示されない場合、[…]を左クリックしてメニューを表示させます。

[圧縮フォルダーの展開]ダイアログボックスが表示されます。[参照]を左クリックします❶。

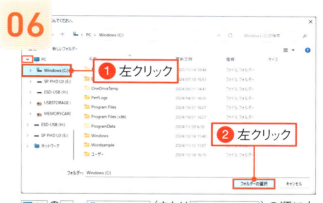

［PC］の［>］→［Windows (C:)］（または［ローカルディスク (C:)］）の順に左クリックして❶、[フォルダーの選択]を左クリックします❷。

「C:¥」と表示されたことを確認して❶、[展開]を左クリックします❷。

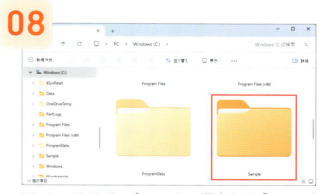

Windows(C:)にサンプルファイルが保存された「Sample」フォルダーが展開されます。サンプルファイルをAccessで開いた際に、[セキュリティリスク]のメッセージバーが表示された場合、155ページの「トラストセンターを設定する」を参照してください。

Contents

本書の特徴 2

練習ファイルの使い方 4

Chapter 1 Accessの基本を知ろう

この章で学ぶこと　Accessについて理解しよう 12

1-1　空のデータベースを作ろう 14

1-2　Accessの画面を理解しよう 16

1-3　オブジェクトを保存しよう 18

1-4　オブジェクトを開こう／閉じよう 20

1-5　Accessを起動しよう／終了しよう 22

練習問題 24

Chapter 2 テーブルを作ってデータを保管しよう

この章で学ぶこと　テーブルについて理解しよう 26

2-1　新しいテーブルを作って名前を付けよう 28

2-2　フィールドを設定しよう 30

2-3　データを入力しよう 32

2-4　データを編集しよう 34

2-5　テーブルのビューを確認しよう 36

| 2-6 | テーブルを削除しよう | 38 |
| 練習問題 | | 40 |

Chapter 3 クエリを利用してデータを抽出しよう

この章で学ぶこと　選択クエリについて理解しよう		42
3-1	ウィザードを利用して特定のフィールドだけを表示しよう	44
3-2	手動でクエリを作ろう	48
3-3	クエリを実行しよう	52
3-4	クエリを編集しよう	54
3-5	条件に合ったデータだけを抽出しよう	56
3-6	○○を含むデータだけを抽出しよう	58
3-7	○○より大きいデータだけを抽出しよう	60
3-8	特定の期間のデータだけを抽出しよう	62
3-9	データを並べ替えて抽出しよう	64
3-10	クエリを削除しよう	66
練習問題		68

Chapter 4　複数のテーブルを利用しよう

この章で学ぶこと　複数のテーブルを使うメリットを理解しよう …… 70

4-1　マスターテーブルを作成しよう　72

4-2　トランザクションテーブルを作成しよう　76

4-3　テーブル間にリレーションシップを設定しよう　78

4-4　関連データをサブデータシートで確認しよう　82

4-5　ルックアップフィールドを設定しよう　84

4-6　ルックアップフィールドを利用してデータを入力しよう　86

4-7　リレーションシップを削除しよう　88

練習問題　90

Chapter 5　実践的なクエリを利用しよう

この章で学ぶこと　クエリの多様な使い方を理解しよう　92

5-1　複数のテーブルからフィールドを抽出しよう　94

5-2　選択クエリのデータを編集不可にしよう　98

5-3　演算フィールドを使って計算しよう　100

5-4　条件を複数にして抽出しよう　102

5-5　2つの内、どちらかの条件を満たしたデータを抽出しよう　104

5-6　グループごとにまとめて集計しよう　106

5-7　クエリを使ってデータを追加しよう　108

5-8　クエリを使ってデータを更新しよう　112

5-9　クエリを使ってデータを削除しよう　116

練習問題　118

Chapter 6 フォームを利用して 専用画面でデータを入力しよう

この章で学ぶこと　フォームについて理解しよう		120
6-1	ウィザードを利用して単票形式のフォームを作成しよう	122
6-2	フォームを編集しよう	124
6-3	フォームのしくみを確認しよう	128
6-4	フォームを利用してデータを入力しよう	130
6-5	フォームを利用してデータを編集しよう	132
6-6	フォームを削除しよう	134
練習問題		136

Chapter 7 レポートを利用して印刷しよう

この章で学ぶこと　レポートについて理解しよう		138
7-1	ウィザードを使って表形式のレポートを作成しよう	140
7-2	レポートを編集しよう	144
7-3	レポートのしくみを確認しよう	148
7-4	印刷プレビューに切り替えて印刷しよう	150
7-5	レポートを削除しよう	152
練習問題		154

トラストセンターを設定する	155
練習問題の解答・解説	156
索引	158

免責

・本書に記載された内容は、情報の提供のみを目的としています。したがって、本書を用いた運用は、必ずお客様自身の責任と判断によって行ってください。これらの情報の運用の結果について、技術評論社および著者はいかなる責任も負いません。

・ソフトウェアに関する記述は、特に断りのない限り、2025年1月の最新バージョンをもとにしています。ソフトウェアはバージョンアップされる場合があり、本書の説明とは機能や画面図などが異なってしまうこともありえます。本書の購入前に、必ずバージョンをご確認ください。

・以上の注意事項をご承諾いただいた上で、本書をご利用願います。これらの注意事項をお読みいただかずに、お問い合わせいただいても、技術評論社および著者は対処いたしかねます。あらかじめ、ご承知おきください。

商標、登録商標について

Microsoft、MS、Access、Windowsは、米国Microsoft Corporationの米国およびその他の国における、商標ないし登録商標です。その他、本文中の会社名、団体名、製品名などは、それぞれの会社・団体の商標、登録商標、製品名です。なお、本文に™マーク、®マークは明記しておりません。

Chapter

1

Access の
基本を知ろう

この章では、Accessの基本操作を紹介します。
Accessを起動して、どんな画面構成なのか、
どこから操作していけばよいのかを学びましょう。

この章で学ぶこと

Accessについて理解しよう

この章では、Accessの起動方法と終了方法、
Accessを構成するための「オブジェクト」について学びます。
オブジェクトにはいくつかの種類がありますが、本書では主要な4種類を紹介します。

部品を作って、組み合わせて使う

Accessは、データベースを管理するソフトウェアです。その目的のために、役割の違う「部品」を自分で作り、組み合わせて利用します。この部品のことを「オブジェクト」と呼びます。
1つのAccessファイルの中には、これらのオブジェクトを複数作成することができます。

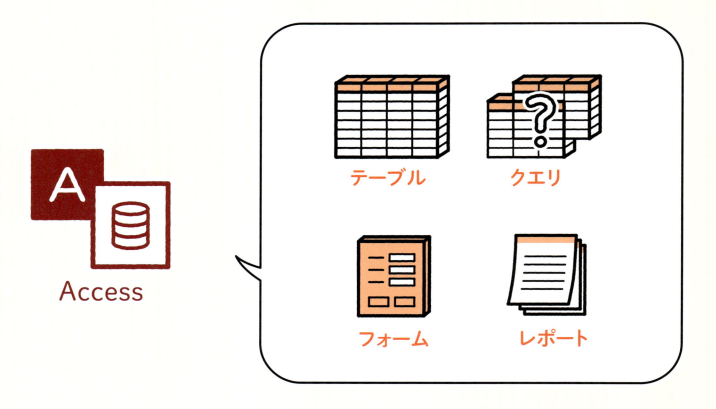

主要な4種類のオブジェクト

テーブル

データを収納／蓄積していくオブジェクトです。データベースとは、テーブルを複数集めて、効率的にデータを管理するしくみです。

クエリ

テーブルのデータを操作するオブジェクトです。条件に合ったデータだけを取り出して閲覧したり、データの追加／更新／削除が行えたりします。

フォーム

データベースを利用しやすくするために、独自の操作画面を作ることができるオブジェクトです。

レポート

テーブルからデータを取り出し、レイアウトを整えて印刷を行うためのオブジェクトです。

第1章 Accessの基本を知ろう

練習ファイル：なし　完成ファイル：01-01b

空のデータベースを作ろう

Accessを起動して、データベースファイルを作成します。
保存してからでないと利用することができないので、ファイルの名前と、どこに保存するかを
事前に決めておきましょう。Accessのファイルはaccdbという拡張子で作成されます。

01 すべてのアプリを表示する

スタートボタンを左クリックします❶。
右上の[すべて]（ないし[すべてのアプリ]）を左クリックします❷。

02 アクセスを起動する

[すべて]（ないし[すべてのアプリ]）の[A]の欄から[Access]を探して、左クリックします❶。

14

03 ［空のデータベース］を選択する

Accessが起動します。［新規］を左クリックします❶。
［空のデータベース］を左クリックします❷。

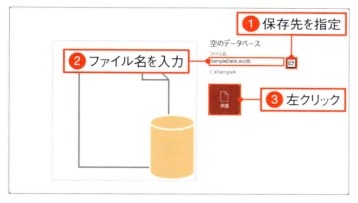

04 フォルダーとファイル名を指定する

▭（［データベースの保存場所を指定します］）を左クリックして、データベースファイルの保存先を指定し❶、ファイル名を入力します❷。
［作成］を左クリックします❸。

> **Memo**
> ここでは、保存先のフォルダーは「C:¥Sample」、ファイル名は「SampleData.accdb」としています。

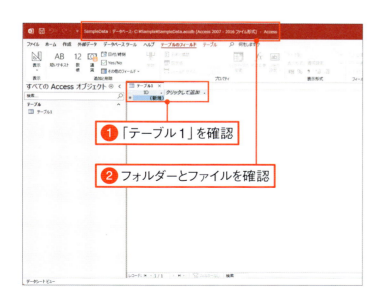

05 ファイルの確認

データベースファイルが作成され、「テーブル1」（仮の名前）というテーブルが表示されるので確認します❶。また、上部にパス（フォルダーとファイル名が一緒になったもの）が表示されているので、確認しておきましょう❷。

1-2

練習ファイル：なし　完成ファイル：なし

Accessの画面を理解しよう

起動した画面の名称と役割を確認しましょう。
画面の名称を知っておくと、使い方を覚えるのがスムーズになります。
画面の見え方は、ウィンドウの大きさによって異なる場合があります。

Accessの画面構成

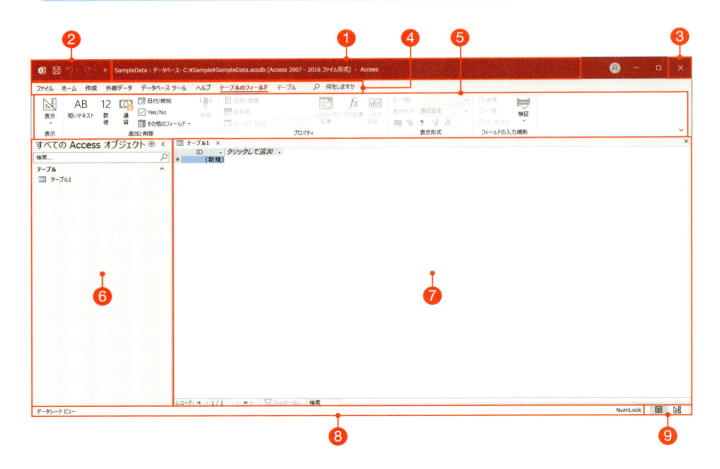

❶ **タイトルバー**
開いているAccessファイルのパス（保存されている場所とファイルの名称が一緒になったもの）が表示されます。

❷ **クイックアクセスツールバー**
最初は［上書き保存］、［元に戻す］、［やり直し］のコマンドが表示されます。右側の▼を左クリックして表示されるメニューから、表示されるコマンドを変更することができます。

❸ **閉じる**
Accessを終了するときに左クリックします。

❹ **タブ**／❺ **リボン**
Accessで利用する機能がまとめられています。タブを選ぶと、その分類の機能がリボンに表示されます。

❻ **ナビゲーションウィンドウ**
作成したオブジェクトが一覧表示されます。

❼ **作業ウィンドウ**
ナビゲーションウィンドウで選択したオブジェクトが開かれる場所です。ここでオブジェクトを作り込みます。

❽ **ステータスバー**
現在の状態などの情報がテキスト表示されます。

❾ **ビューの切り替え**
開いているオブジェクトのビューの切り替えを行います。現在のビューはグレー表示になります。

練習ファイル：なし　完成ファイル：01-03b

オブジェクトを保存しよう

オブジェクトを保存すると、同じ状態で作業を再開することができます。
作業内容が失われないように、こまめに上書き保存しましょう。
ここでは、15ページで作成された「テーブル1」（仮の名前）に名前を付けて保存しましょう。

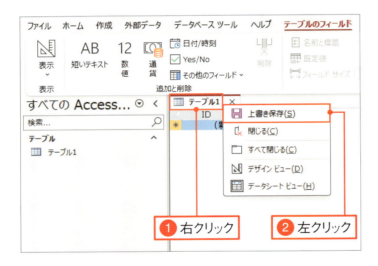

01 開いているオブジェクトを上書き保存する

作業ウィンドウにある「テーブル1」のタブを右クリックして❶、表示されたメニューの[上書き保存]を左クリックします❷。

02 オブジェクトに名前を付ける

初めて保存するオブジェクトの場合、[名前を付けて保存]ダイアログボックスが表示されます。任意の名前を入力して❶、[OK]を左クリックします❷。

> **Memo**
> 作成済みのオブジェクトを上書き保存する場合は、この手順は表示されません。

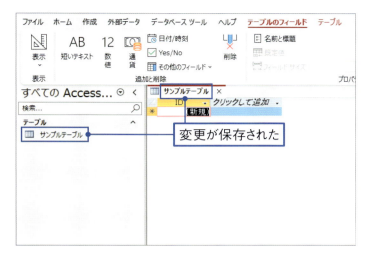

03 保存された

変更が保存され、ナビゲーションウィンドウと作業ウィンドウのタブに表示されていたテーブル名が変更されます。

04 オブジェクトを閉じる

作業ウィンドウのタブの ✕（［閉じる］）を左クリックします❶。

Check!

Accessはオブジェクト単位で保存する

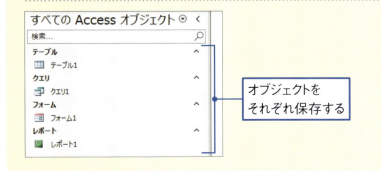

Accessは、1つのファイルの中に複数のオブジェクトを作成し、それぞれが独立しています。Accessを終了する前にすべてのオブジェクトをきちんと保存しましょう。

練習ファイル：01-04a　完成ファイル：なし

オブジェクトを開こう／閉じよう

オブジェクトは、操作目的に合わせて、適切な「ビュー」を選んで開いて利用します。
ここでは、オブジェクトを開くときの「ビュー」の選び方を学びましょう。
また、オブジェクトの閉じ方も確認しておきましょう。

オブジェクトを開く

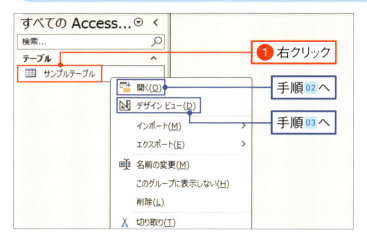

01 動作を選択する

ナビゲーションウィンドウで、オブジェクトを右クリックします❶。
表示されたメニューから、動作を選択します。［開く］は「既定の動作」を指します。テーブルの場合、データを閲覧するビューで開きます。1つ下の「デザインビュー」は、テーブルの設計を行うビューで開きます。

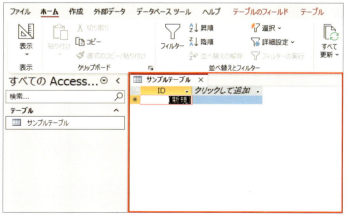

02 「既定の動作」が行われた

テーブルでは、データを表形式で閲覧したり、編集したりする「データシートビュー」で開きます。ほかのオブジェクトの既定の動作は、クエリは「実行」、レポートは「レポートビューで開く」、フォームは「フォームビューで開く」です。

> **Memo**
> ナビゲーションウィンドウ上でオブジェクトをダブルクリックすると、既定の動作を行います。

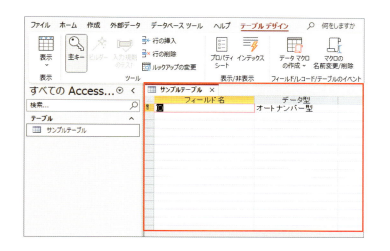

03 デザインビューで開いた

骨組みの設計や基礎的な設定を行う、「デザインビュー」で開きます。

オブジェクトを閉じる

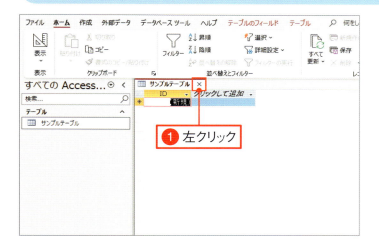

01 ×([閉じる])を左クリックする

オブジェクトが開いている状態で、作業ウィンドウのタブの ×([閉じる])を左クリックします ❶。

Memo
このとき、変更が保存されていないと[変更を保存しますか?]とメッセージが表示されます。

02 オブジェクトが閉じた

開かれていたオブジェクトが閉じて、作業ウィンドウから表示が消えます。
最後に、画面右上の ×([閉じる])を左クリックして Access を終了します ❶。

練習ファイル：01-05a　完成ファイル：なし

Accessを起動しよう／終了しよう

保存して終了したAccessファイルを開く手順を学びましょう。
また、Accessを終了する方法も確認しておきましょう。

Accessを起動する

01 Accessを起動する

14ページの手順 01、02 でAccessを起動します。
［開く］を左クリックして❶、［参照］を左クリックします❷。

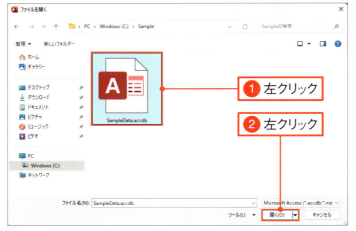

02 ファイルを選択する

15ページの手順 04 で作成したファイルを左クリックします❶。
［開く］を左クリックします❷。

Memo
ここでは、「C:¥Sample」フォルダーに保存した「SampleData.accdb」ファイルを指定しています。

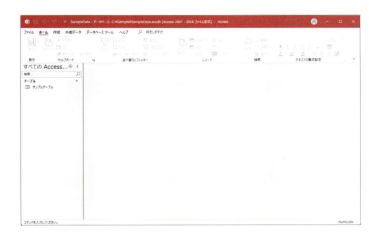

03 Accessファイルが開いた

選択したAccessファイルが開きます。

Accessを終了する

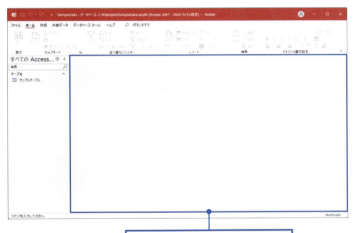

すべてのオブジェクトを閉じる

01 すべてのオブジェクトを保存して閉じる

開いているオブジェクトをすべて保存して閉じ、作業ウィンドウが空の状態にしておきます。

❶ 左クリック

02 Accessを終了する

右上の ✕ （[閉じる]）を左クリックします❶。

> **Memo**
> オブジェクトが開いている状態でこの操作を行うと、自動ですべてのオブジェクトが閉じられてからAccessが終了します。

第1章 練習問題

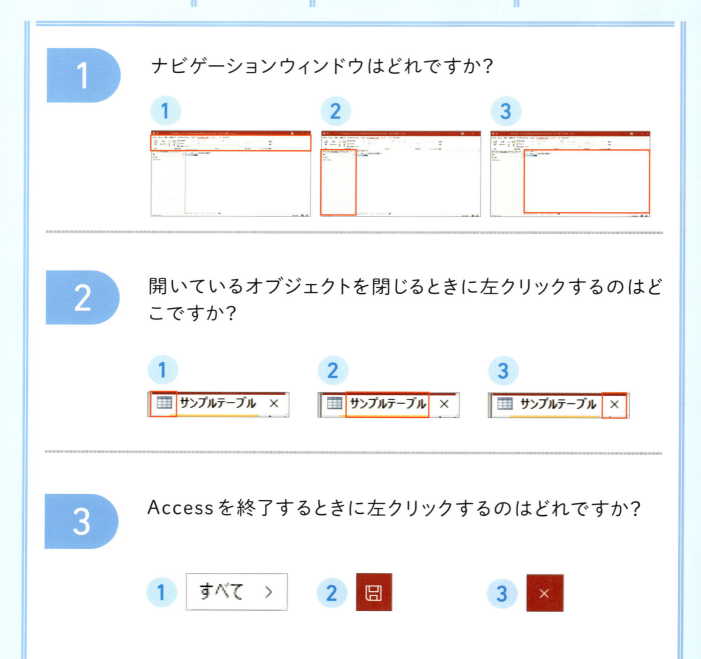

Chapter

2

テーブルを作って
データを保管しよう

この章では、テーブルというオブジェクトについて解説します。
Accessを使うために必要不可欠なオブジェクトなので、まずはここから覚えましょう。

この章で学ぶこと

テーブルについて理解しよう

この章では、データを収納／蓄積していくオブジェクトである「テーブル」について学びます。備品の利用履歴を記録するテーブルを想定して、テーブルの用語や作り方、使い方を学習し、データベースの基礎となるデータを編集してみましょう。

テーブルの構造

テーブルは表形式の見た目をしていて、Excelのワークシートとよく似ています。
ただし、どんな分類の、どんな種類のデータが入るのかを事前に決めておかねばなりません。
そして、データを保存するときは、ルールに沿ったデータしか収納することができません。

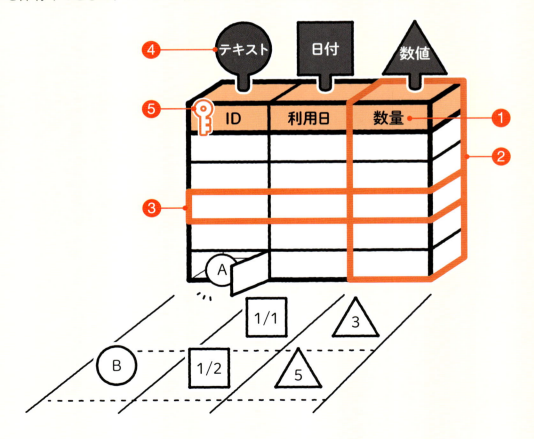

❶ フィールド名／❷ フィールド

表の縦方向の1列全体をフィールドと呼びます。Excelでは「列」にあたる部分です。
見出しとなるテキストをフィールド名と呼びます。Excelでは列名にあたる部分です。

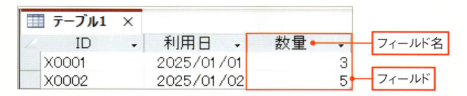

❸ レコード

表の横方向の1行全体を指します。Excelでは「行」にあたる部分です。
データベースにおけるデータの最小単位で、入力も削除も、1レコードごとに行われます。

❹ データ型

フィールドごとに設定する、データの属性です。そのフィールドにはその属性のデータしか収納することができなくなります。たとえば、数値型のフィールドには必ず数値しか収納できないため、文字や日付などが混ざって計算ができなくなる、といったトラブルが発生しません。

❺ 主キー

鍵のアイコンで表される、フィールドの制限です。
この制限があるフィールドには、同じフィールドですでに存在するデータを入れることができません。レコードの重複（まったく同じ構成のレコードが複数存在すること）を防ぐ効果があり、IDなどの個を特定する目的に使われます。

練習ファイル：02-01a　完成ファイル：02-01b

新しいテーブルを作って名前を付けよう

データベースを利用するには、テーブルが必要です。
Chapter 1で作ったデータベースに、新しいテーブルを作りましょう。
まずは、名前を付けて保存するところまでを解説します。

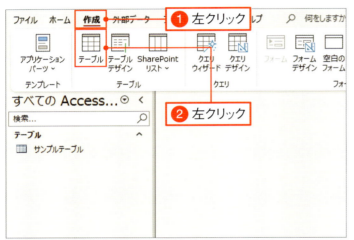

01 新規テーブルを作成する

22ページの手順 01 〜 03 を参照して、Chapter 1終了時のAccessファイルを開いておきます。
［作成］タブを左クリックして❶、［テーブル］を左クリックします❷。

02 テーブルを上書き保存する

作業ウィンドウに新規テーブルが作成されます。「テーブル1」という仮の名前が表示されていますが、実際には保存されていない状態です。
作業ウィンドウのタブに表示されている仮の名前「テーブル1」を右クリックして❶、表示されたメニューの［上書き保存］を左クリックします❷。

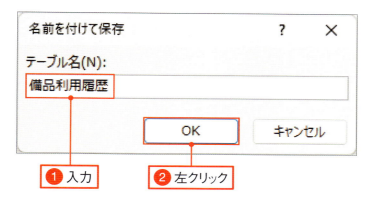

03 名前を付けて保存する

[名前を付けて保存]ダイアログボックスが開くので、テーブル名に「備品利用履歴」と入力します❶。
[OK]を左クリックします❷。

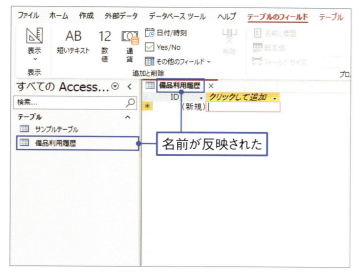

04 テーブルが保存できた

テーブルが保存され、ナビゲーションウィンドウと作業ウィンドウのタブに、入力した名前が反映されます。

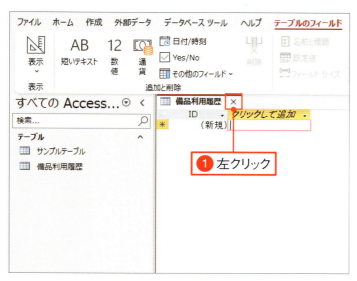

05 テーブルを閉じる

×([閉じる])を左クリックして❶、テーブルを閉じます。

第2章 テーブルを作ってデータを保管しよう

フィールドを設定しよう

2-1で作成したテーブルには、自動で作られたフィールドが1つしかありません。
データを入力する前に、どんな分類の、どんな種類のデータが入るのかを設定します。
そのために、テーブルを「設計」するモードである、「デザインビュー」で作業します。

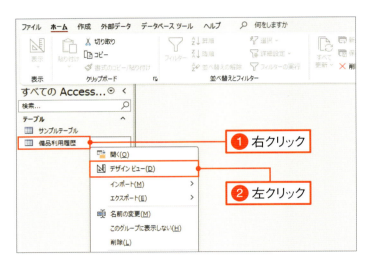

01 デザインビューで開く

ナビゲーションウィンドウの「備品利用履歴」テーブルを右クリックして❶、[デザインビュー]を左クリックします❷。

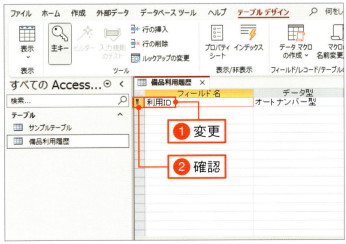

02 「ID」フィールドの名前を変更する

テーブルを「設計」するモードである、デザインビューで開きます。
フィールド名の「ID」を「利用ID」へ変更します❶。このフィールドは主キーとして使うので、左端に 🔑（[主キー] のアイコン）があるのを確認しておきましょう❷。

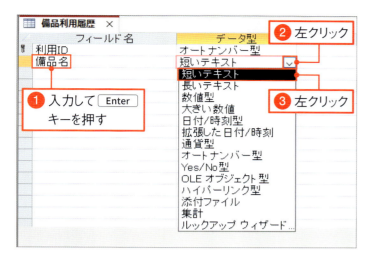

03 「備品名」フィールドを追加する

「利用ID」の下の欄へ「備品名」というフィールド名を入力して Enter キーを押します❶。[データ型]の列で、右端にある ⌄ を左クリックします❷。表示されたリストから[短いテキスト]を左クリックして❸選択します。

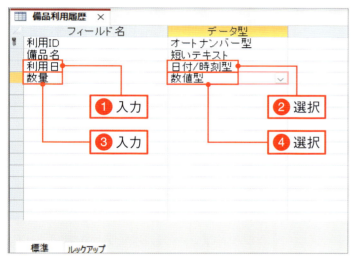

04 「利用日」「数量」フィールドを追加する

続けて、手順 03 の方法でフィールド名に「利用日」と入力して❶、データ型は[日付／時刻型]を選択します❷。
その下のフィールド名に「数量」と入力して❸、データ型は[数値型]を選択します❹。

> **Memo**
> データ型は ⌄ を左クリックして表示されるリストから選択します。

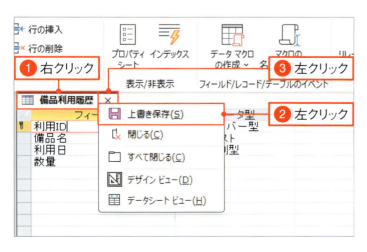

05 上書き保存して閉じる

作業ウィンドウのテーブル名のタブを右クリックして❶、表示されたメニューの[上書き保存]を左クリックします❷。
✕（[閉じる]）を左クリックしてテーブルを閉じます❸。

データを入力しよう

2-2では、データシートビューを使ってテーブルの設定を行いました。
今度は、このテーブルへデータを入力してみましょう。
テーブルの「データを編集」するモードである、「データシートビュー」で作業します。

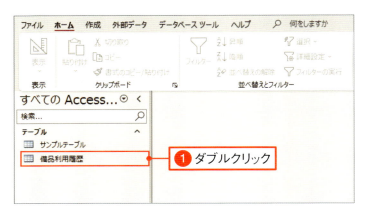

01 データシートビューで開く

ナビゲーションウィンドウに表示されている「備品利用履歴」テーブルをダブルクリックします❶。
テーブルオブジェクトの既定の動作、「データシートビューで開く」が行われます。

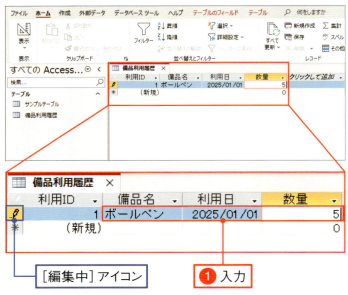

02 フィールドへ入力する

「備品利用履歴」テーブルがデータシートビューで開きます。
「備品名」、「利用日」、「数量」の各フィールドに、それぞれ左図のように入力します❶。「利用ID」フィールド（[オートナンバー型]）は自動で採番されるので入力する必要はありません。また、左端に （[編集中]アイコン）が表示されている間は、入力した内容は確定していません。

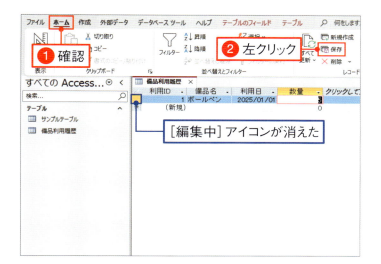

03 入力を確定する

［ホーム］タブが選択されていることを確認します❶。［保存］を左クリックします❷。
レコードの左端の 🖉（［編集中］アイコン）が消えます。これで入力が確定します。すべてのフィールドでデータ型が守られていないと保存できません。

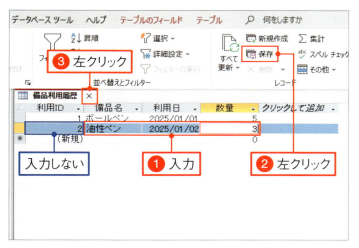

04 レコードを追加する

1つ下のレコードへ、左図のように入力して❶、［保存］を左クリックします❷。
作業が終了したら、✕（［閉じる］）を左クリックしてテーブルを閉じます❸。

Check!

「レコードから離脱」すると変更が保存される

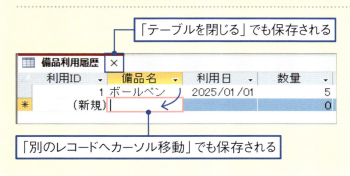

編集中のレコードは、リボンの［保存］以外でも、「レコードから離脱する操作」で保存されます。
別のレコードへの移動、テーブルを閉じる、といった操作で、自動保存されてしまうので、十分に注意してください。
なお、未保存（［編集中］アイコンが表示されている）の状態で Esc キーを押すと、レコードは編集前の状態に戻ります。

データを編集しよう

入力したデータの変更や削除を行いたい場面もあると思います。
データの編集も、データシートビューで作業します。
なお、データベース用語では、データの変更のことを「更新」と呼びます。

データを更新する

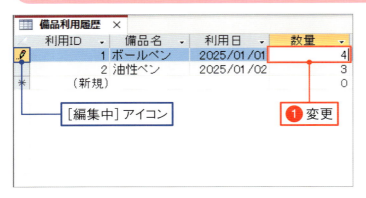

01 データを更新する

32ページの手順 01 の方法で、「備品利用履歴」テーブルをデータシートビューで開きます。「数量」フィールドを「4」へ変更します❶。
レコードの左端に 🖉 ([編集中] アイコン) が表示されます。

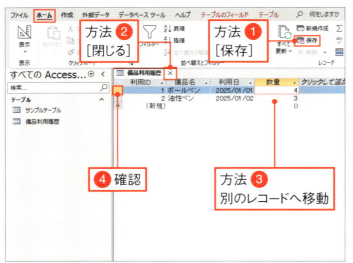

02 更新を保存する

保存方法は入力時と同じで3種類あります。[ホーム] タブの [保存] ❶、テーブルを閉じる❷、別のレコードへカーソルを移動する❸、どの方法でも構いません。
保存後は [編集中] アイコンが消えたことを確認してください❹。

> **Memo**
> [編集中] アイコンが表示されている間は、[Esc] キーで変更をキャンセルできます。

データを削除する

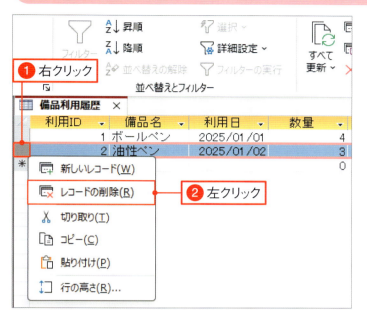

01 レコードを選択して削除する

削除したいレコードの左端を右クリックして❶、メニューの[レコードの削除]を左クリックします❷。

Memo
レコードを選択したあと、[ホーム]タブの[削除]を左クリックしても同じ作業ができます。

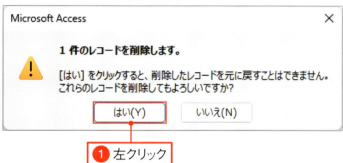

02 削除の確定を行う

確認メッセージが表示されるので、[はい]を左クリックします❶。
元に戻すことはできないので、操作は慎重に行ってください。

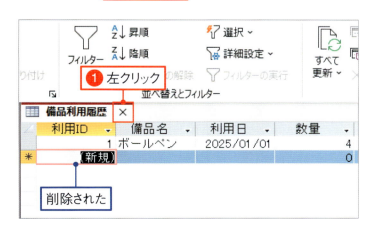

03 レコードが削除された

選択されたレコードが削除されます。
作業が終了したら ✕([閉じる])を左クリックしてテーブルを閉じておきましょう❶。

練習ファイル：02-05a　完成ファイル：なし

テーブルのビューを確認しよう

ここまで利用してきたように、テーブルは「ビュー」と呼ばれる複数のモードを持っています。設計を行う場合はデザインビュー、データの編集や閲覧を行う場合はデータシートビューと、用途によって使い分けます。オブジェクトによって、ビューの種類や数は異なります。

デザインビューを確認する

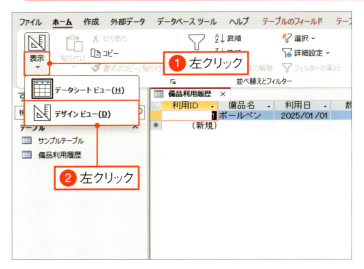

01 デザインビューへ切り替える

32ページの手順 01 の方法で、「備品利用履歴」テーブルをデータシートビューで開いておきます。
[表示]の下部を左クリックし❶、[デザインビュー]を左クリックします❷。

> **Memo**
> [表示]は[ホーム]タブ、または[テーブルのフィールド]タブにあります。

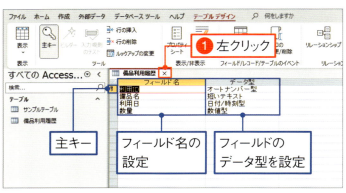

02 デザインビューの役割

デザインビューに切り替わります。このビューでは、フィールド名やデータ型、主キーの設定などを行うことができます。
☒（[閉じる]）を左クリックしてテーブルを閉じます❶。

データシートビューを確認する

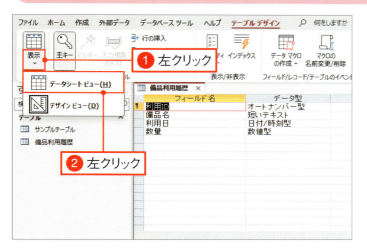

01 データシートビューへ切り替える

30ページの手順 01 の方法で、「備品利用履歴」テーブルをデザインビューで開いておきます。[表示]の下部を左クリックし❶、[データシートビュー]を左クリックします❷。

> **Memo**
> [表示]は[ホーム]タブ、または[テーブルデザイン]タブにあります。

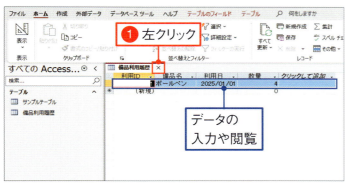

02 データシートビューの役割

データシートビューに切り替わります。このビューではデータの入力や更新、削除、閲覧などを行います。
⊠（[閉じる]）を左クリックしてテーブルを閉じます❶。

Check!

ステータスバーでも切り替えられる

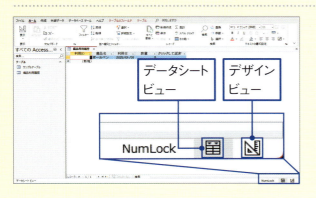

オブジェクトを開いているときは、ステータスバーの右端にビューのアイコンが表示されます。
グレーになっているのが現在のビューで、アイコンを左クリックすることでビューを切り替えることができます。

2-6 テーブルを削除しよう

練習ファイル：02-06a　完成ファイル：02-06b

利用しないテーブルは、テーブルの削除を行いましょう。
テーブルに保存されているデータも失われ、
元に戻すことはできないので、慎重に行ってください。

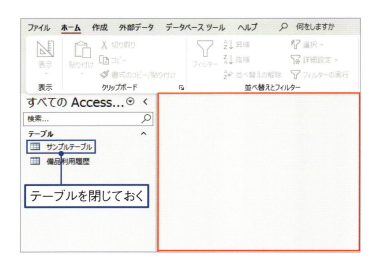

01 対象のテーブルを閉じておく

削除対象のテーブルを閉じておきます。開いている状態のテーブルは削除できません。

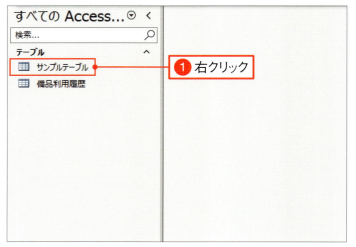

02 メニューを表示する

ナビゲーションウィンドウ上で、削除したいテーブルを右クリックします❶。

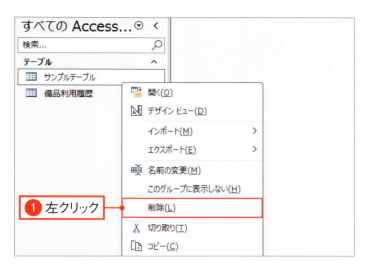

03 [削除]を選択する

表示されたメニューから[削除]を左クリックします❶。

04 削除を確定する

確認メッセージが表示されます。テーブル内のすべてのデータは失われ、元には戻せません。
削除してよければ[はい]を左クリックします❶。

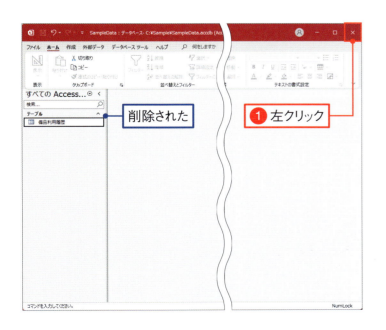

05 テーブルが削除された

テーブルが削除され、ナビゲーションウィンドウの表示も消えます。
最後に、画面右上の ✕（[閉じる]）を左クリックしてAccessを終了します❶。

第2章 練習問題

1 レコードはどれを指しますか？

2 レコードが編集中の状態を表すアイコンはどれですか？

3 テーブルにデータを入力するためのビューはどれですか？

Chapter

3

クエリを利用して
データを抽出しよう

この章では、クエリというオブジェクトについて解説します。

データベースを便利に使うには、テーブルから目的のデータを探さなくてはなりません。クエリは、そのために必要なオブジェクトです。

> この章で学ぶこと

選択クエリについて理解しよう

この章では、テーブルのデータを操作する「クエリ」について学びます。クエリは、データベースへの「問い合わせ」を指す言葉です。Accessのクエリオブジェクトは、データを「このように操作してください」という命令を作成／保存することができます。

2種類のクエリ

クエリには大きく分けて2つの種類があり、テーブルからデータを抽出するクエリのことを「選択クエリ」、テーブルのデータに変更を加えるクエリを「アクションクエリ」と呼びます。
この章では、「選択クエリ」を利用してデータを抽出する方法を学びます。

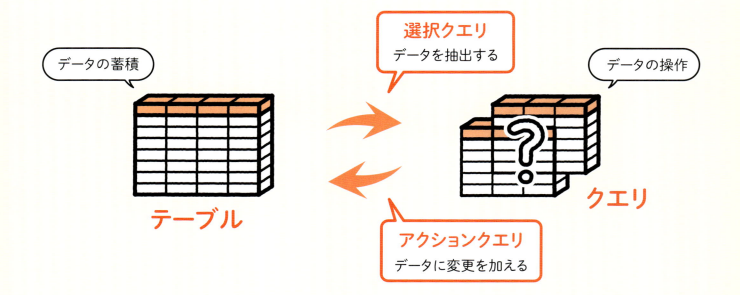

クエリのビュー

テーブルにもあったように、クエリも「ビュー」と呼ばれる複数のモードを持っています。

デザインビュー

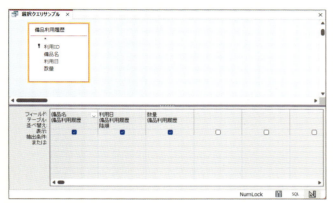

テーブルへの命令を作成するビューです。
作業ウィンドウの上部で対象のテーブルを指定して、下部のグリッドで「どのフィールドに」「何をする」といった命令を指定します。

データシートビュー

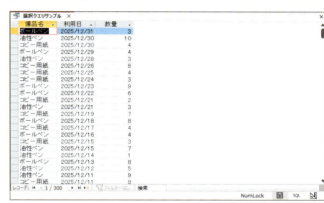

主に選択クエリの実行結果を確認するために利用するビューです。テーブルとよく似たデータシートの形でデータを表示します。

ビューの切り替え方法

[ホーム] または [クエリデザイン] タブの [表示] を展開して、切り替えたいビューを左クリックします。
ステータスバーのアイコンでも切り替えることができます。

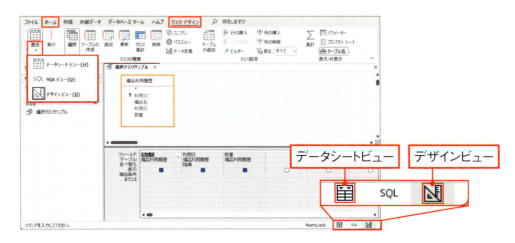

練習ファイル：03-01a　完成ファイル：03-01b

ウィザードを利用して特定のフィールドだけを表示しよう

選択クエリを作成する方法の1つとして、Accessには「ウィザード」という機能があります。
提示された設定項目を選択または入力していくことによってクエリを作成する機能です。
まずはこの方法でクエリを作成してみましょう

抽出元のデータを確認する

01 サンプルを開く

Chapter 2で作成した「備品利用履歴」テーブルに、300件のレコードが登録されているファイルを使います。
22ページの方法で、ダウンロードサンプルの「Chapter3」フォルダーの「03-01a.accdb」を開きます。

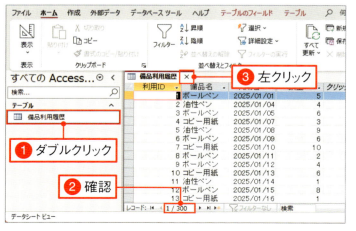

02 テーブルを確認する

ナビゲーションウィンドウの「備品利用履歴」テーブルをダブルクリックします❶。
データシートビューで開くので、300件のレコードが保存されていることを確認します❷。
確認したら ✕ ([閉じる])を左クリックしてテーブルを閉じます❸。

クエリを作成する

01 クエリウィザードを起動する

[作成]タブを左クリックして❶、[クエリウィザード]を左クリックします❷。

02 選択クエリを作成する

ウィザードのダイアログボックスが開きます。[選択クエリウィザード]が選択されていることを確認します❶。
[OK]を左クリックします❷。

03 「備品名」フィールドを選択する

フィールドを選択する画面になります。
[選択可能なフィールド]一覧から、「備品名」を左クリックします❶。
真ん中にある > を左クリックします❷。

45

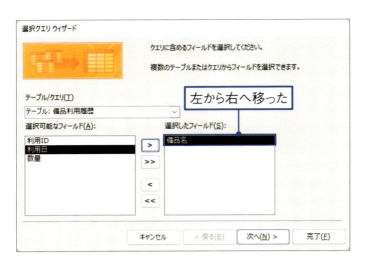

04 「備品名」フィールドが選択された

選択した「備品名」フィールドが[選択したフィールド]一覧へ移動します。

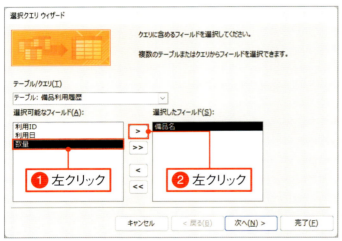

05 「数量」フィールドを選択する

[選択可能なフィールド]一覧から、「数量」を左クリックします❶。
真ん中にある > を左クリックします❷。

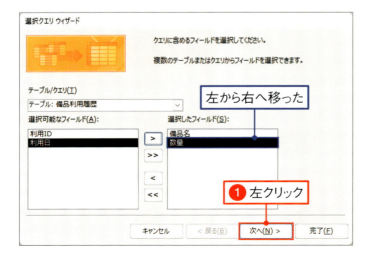

06 「数量」フィールドが選択された

選択した「数量」フィールドが[選択したフィールド]一覧へ移動します。
[次へ]を左クリックします❶。

07 集計の設定

［各レコードのすべてのフィールドを表示する］が選択されていることを確認します❶。
［次へ］を左クリックします❷。

08 名前を付けて実行する

クエリ名を「選択クエリウィザードサンプル」へ書き換えます❶。
［クエリを実行して結果を表示する］が選択されていることを確認します❷。
［完了］を左クリックします❸。

09 選択クエリが作成された

選択クエリが作成され、データシートビューで開きます。テーブルにあったデータから、「備品名」「数量」フィールドのみが抽出されています。
確認したら、⊠（［閉じる］）を左クリックしてクエリを閉じます❶。

練習ファイル：03-02a 　完成ファイル：03-02b

手動でクエリを作ろう

3-1では、ウィザードで選択クエリを作りました。
今度は同じものを手動で作って、クエリのしくみを学びましょう。
クエリを手動で作成するには、「設計」するモードである「デザインビュー」で作業します。

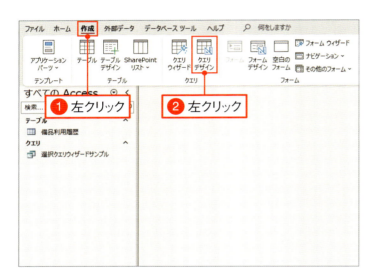

01 クエリデザインを起動する

[作成]タブを左クリックします❶。
[クエリデザイン]を左クリックします❷。

02 クエリが作成された

新規クエリがデザインビューで開きます。
[クエリデザイン]タブで、データを抽出する[選択]がグレーになっていることを確認します❶。

> **Memo**
> グレーになっているのが現在のクエリの種類です。

48

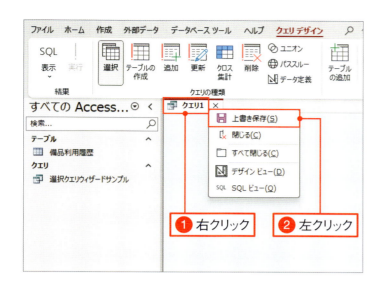

03 クエリを上書き保存する

作業ウィンドウのタブを右クリックして❶、表示されたメニューの［上書き保存］を左クリックします❷。

04 名前を付けて保存する

クエリ名に「選択クエリサンプル」と入力します❶。
［OK］を左クリックします❷。

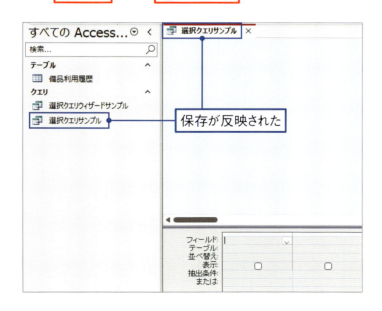

05 クエリが保存できた

クエリが保存されて、ナビゲーションウィンドウに表示されます。作業ウィンドウのタブ名も変更されます。

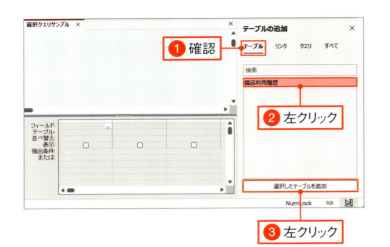

06 利用するテーブルを選択する

右側の[テーブルの追加]ウィンドウにて[テーブル]タブが選択されていることを確認します❶。
「備品利用履歴」を左クリックして❷、[選択したテーブルを追加]を左クリックします❸。

07 テーブルが選択された

左上のスペースに、「備品利用履歴」テーブルの概要が表示されます。

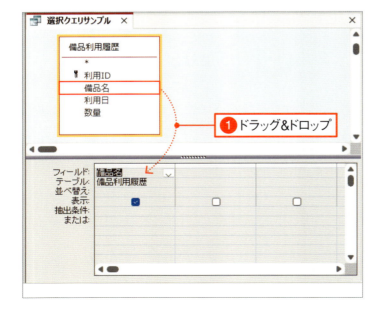

08 「備品名」フィールドを選択する

テーブル概要から「備品名」を、下部グリッドの左端へドラッグ&ドロップします❶。
グリッドに「備品名」フィールドが表示されます。

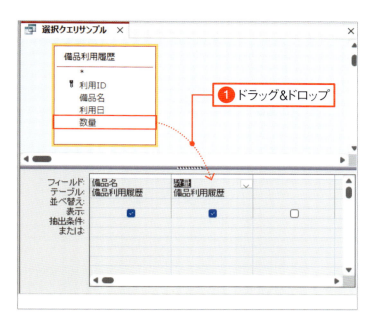

09 「数量」フィールドを選択する

テーブル概要から「数量」を、下部グリッドの「備品名」の右隣りへドラッグ&ドロップします❶。グリッドに「数量」フィールドが表示されます。

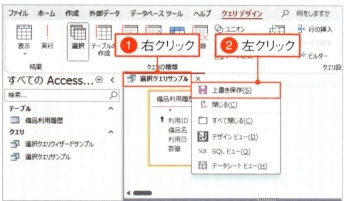

10 変更を上書き保存する

作業ウィンドウのタブを右クリックして❶、表示されたメニューの[上書き保存]を左クリックします❷。これで「選択クエリサンプル」クエリが上書き保存されます。

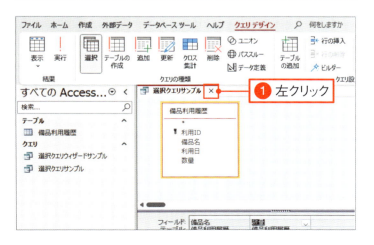

11 クエリを閉じる

作業ウィンドウのタブの ✕ ([閉じる])を左クリックして❶、「選択クエリサンプル」クエリを閉じます。

練習ファイル：03-03a　完成ファイル：なし

クエリを実行しよう

3-2で作成した選択クエリは、「命令」が保存されている状態です。
実際にデータを抽出して確認するには、クエリを「実行」する必要があります。
2つの実行方法があるので、覚えておきましょう。

ナビゲーションウィンドウから実行する

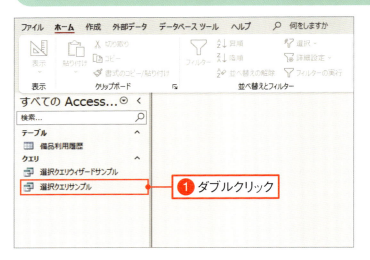

01 クエリを実行する

ナビゲーションウィンドウに表示されている「選択クエリサンプル」をダブルクリックします❶。クエリオブジェクトの既定の動作である「実行」が行われます。

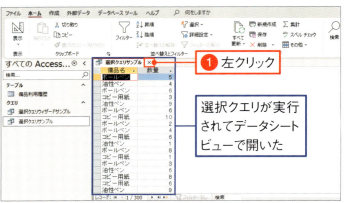

02 クエリが実行された

選択クエリは、実行するとデータシートビューが開き、抽出したデータを閲覧できる状態になります。
確認したら、Ⅹ（［閉じる］）を左クリックしてクエリを閉じます❶。

デザインビューから実行する

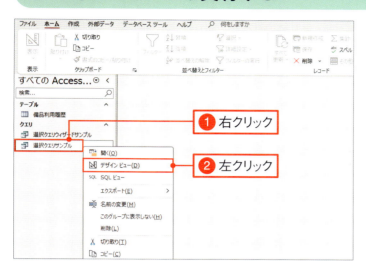

01 デザインビューで開く

ナビゲーションウィンドウに表示されている「選択クエリサンプル」を右クリックして❶、表示されたメニューの[デザインビュー]を左クリックします❷。

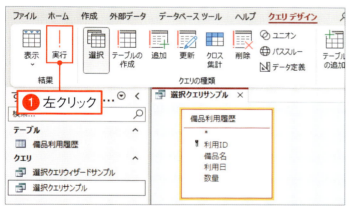

02 クエリを実行する

リボンの[実行]を左クリックします❶。

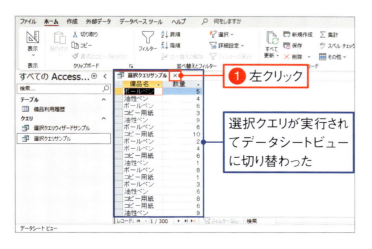

選択クエリが実行されてデータシートビューに切り替わった

03 クエリが実行された

選択クエリが実行されてデータシートビューに切り替わり、抽出したデータを閲覧できる状態になります。
確認したら、⊠([閉じる])を左クリックしてクエリを閉じます❶。

3-4

練習ファイル：03-04a　完成ファイル：03-04b

クエリを編集しよう

3-3で作ったクエリでは、「備品名」と「数量」のフィールドを抽出しました。
クエリを修正して、「利用日」のフィールドも一緒に抽出できるようにしましょう。

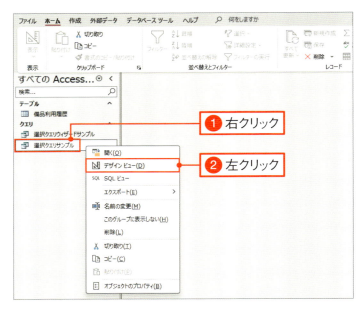

01 デザインビューで開く

ナビゲーションウィンドウの「選択クエリサンプル」を右クリックして❶、[デザインビュー]を左クリックします❷。

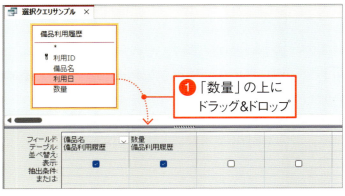

02 「利用日」フィールドを挿入する

デザインビューで開きます。
テーブル概要から「利用日」を、下部グリッドの「数量」の上へドラッグ&ドロップします❶。

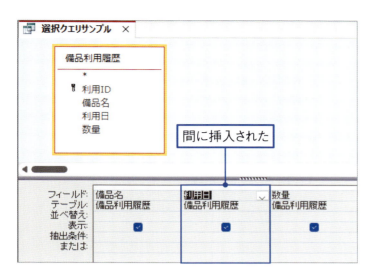

03 フィールドが挿入された

「利用日」フィールドが挿入されます。
グリッドでのフィールドの順番は、選択クエリ実行後のフィールドの並び順と同じになります。

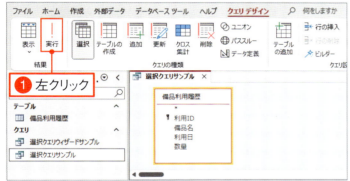

04 クエリを実行する

リボンの［実行］を左クリックします❶。

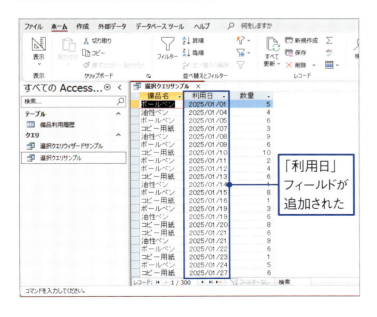

05 クエリが実行された

データシートビューに切り替わります。「備品名」「数量」に加えて、「利用日」フィールドが抽出できます。
51ページの手順 10 〜 11 の方法でクエリを上書きして閉じます。

練習ファイル：03-05a　　完成ファイル：03-05b

条件に合ったデータだけを抽出しよう

ここまで、テーブルにあるデータから特定のフィールドのみを抽出してきましたが、テーブルと同じ300件のデータすべてを取り出しています。
ここでは、「備品名」が「ボールペン」のデータだけを抽出してみましょう。

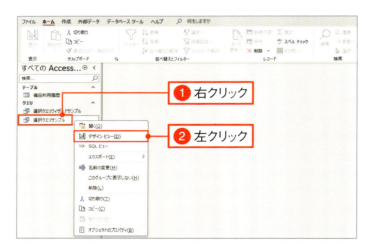

01 デザインビューで開く

ナビゲーションウィンドウの「選択クエリサンプル」を右クリックして❶、[デザインビュー]を左クリックします❷。

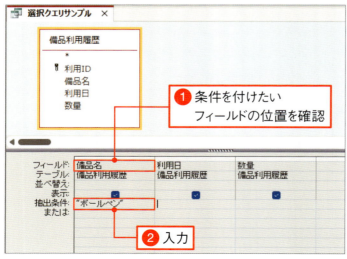

02 ［抽出条件］を入力する

「選択クエリサンプル」クエリがデザインビューで開きます。
下部グリッドの[フィールド]欄が「備品名」の位置を確認します❶。その下の[抽出条件]欄へ「"ボールペン"」と入力します❷。

> **Memo**
> 「"」は半角文字で入力してください。テキスト型の値を表す識別子です。

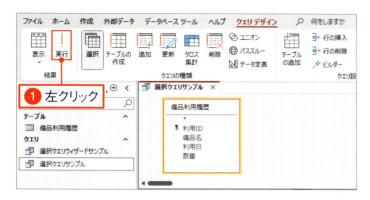

03 クエリを実行する

リボンの[実行]を左クリックします❶。

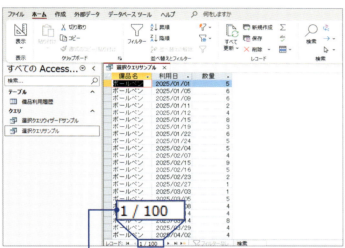

04 クエリが実行された

データシートビューに切り替わります。
「備品名」が「ボールペン」のデータのみ、100件抽出できます。
51ページの手順 10 ～ 11 の方法でクエリを上書き保存して閉じます。

「備品名」が「ボールペン」のデータが100件抽出された

Check!

日付型の識別記号は「#」

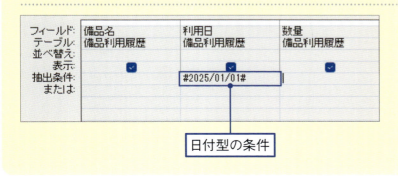

日付型のフィールドで特定の日付のみを抽出したいときは、識別記号が「#」となります。こちらも半角文字で入力してください。

日付型の条件

第3章 クエリを利用してデータを抽出しよう

57

○○を含むデータだけを抽出しよう

3-5では、フィールドの値が特定の値と「一致する」条件でデータを取り出しました。
次はもっとあいまいな、「○○」という文字を含むデータだけを取り出してみましょう。

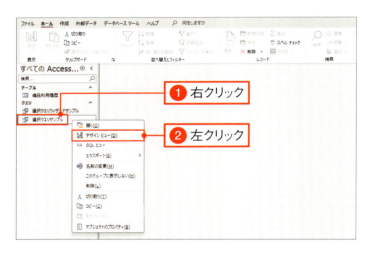

01 デザインビューで開く

ナビゲーションウィンドウの「選択クエリサンプル」を右クリックして❶、[デザインビュー]を左クリックします❷。

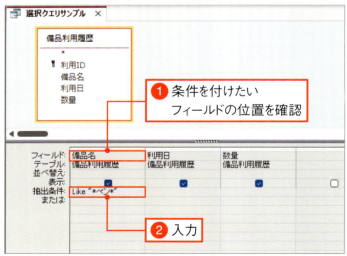

02 [抽出条件]を入力する

「選択クエリサンプル」クエリがデザインビューで開きます。
下部グリッドの[フィールド]欄が「備品名」の位置を確認します❶。その下の[抽出条件]に「Like "*ペン*"」と入力します❷。

> **Memo**
> 「ペン」以外は、スペースも含めてすべて半角文字で入力してください。入力済みの文字がある場合、すべて消去して新たに入力します。

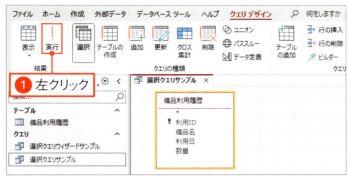

03 クエリを実行する

リボンの[実行]を左クリックします❶。

04 クエリが実行された

データシートビューに切り替わります。「備品名」に「ペン」を含むデータのみ、193件抽出できます。
51ページの手順 10 ～ 11 の方法でクエリを上書き保存して閉じます。

Check!

「*」はワイルドカード記号

Like "*○○*" …○○を含む

Like "○○*" …○○から始まる

Like "*○○" …○○で終わる

ワイルドカードとは「0文字以上の任意の文字」を表し、Accessでは半角の「*」(アスタリスク)と記述します。
*を入れる数や位置で、含む／始まる／終わるなどの文字列を指定することができます。

練習ファイル：03-07a　完成ファイル：03-07b

○○より大きいデータだけを抽出しよう

ここまで、テキスト型の「備品名」フィールドを使って条件を設定しました。
「数量」フィールドへ「○○より大きい」という条件を付けてデータを抽出してみましょう。

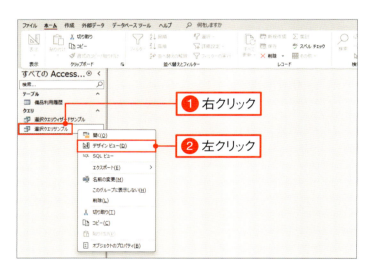

01 デザインビューで開く

ナビゲーションウィンドウの「選択クエリサンプル」を右クリックして❶、[デザインビュー]を左クリックします❷。

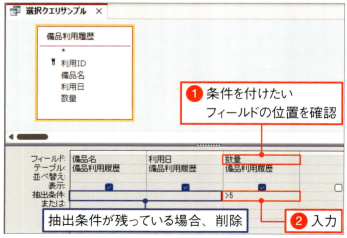

02 [抽出条件]を入力する

「選択クエリサンプル」クエリがデザインビューで開きます。
[フィールド]欄が「数量」の位置を確認します❶。その下の[抽出条件]欄へ半角文字で「>5」と入力します❷。
ほかの[抽出条件]が残っている場合は条件をすべて削除してください。

60

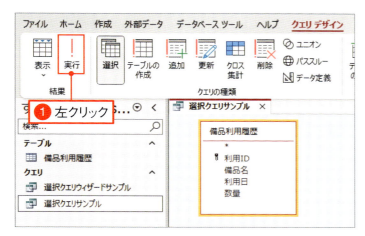

03 クエリを実行する

リボンの[実行]を左クリックします❶。

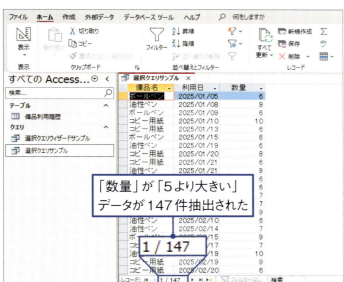

04 クエリが実行された

データシートビューに切り替わります。「数量」が「5より大きい」のデータのみ、147件抽出できます。
51ページの手順 10 ～ 11 の方法でクエリを上書き保存して閉じます。

Check!

「以上／以下」の条件には「=」を付ける

「○より小さい」は「<○」です。「○以上」は「>=○」、「○以下」は「<=○」と、不等号の右側に「=」を書きます。数字も含めて、すべて半角文字で入力してください。

特定の期間のデータだけを抽出しよう

練習ファイル：03-08a　完成ファイル：03-08b

条件は、「○○から××」のような期間を設定することもできます。
「利用日」フィールドを使って、特定の期間のデータだけ抽出してみましょう。

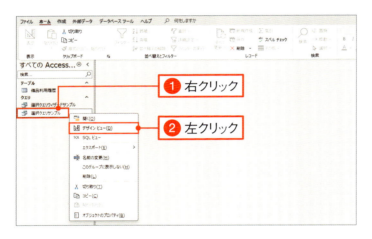

01 デザインビューで開く

ナビゲーションウィンドウの「選択クエリサンプル」を右クリックして❶、［デザインビュー］を左クリックします❷。

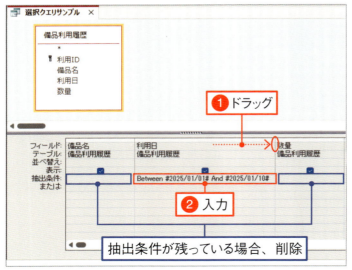

02 ［抽出条件］を入力する

「選択クエリサンプル」クエリがデザインビューで開きます。
「利用日」フィールドの右端を右へドラッグして枠を広げます❶。その下の［抽出条件］欄へ「Between #2025/01/01# And #2025/01/10#」と入力します❷。スペースを含め、すべて半角文字で入力してください。ほかの［抽出条件］が残っている場合はすべて削除してください。

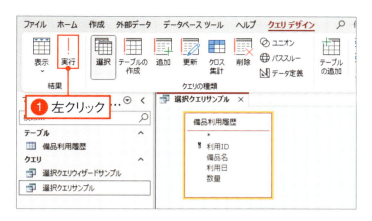

03 クエリを実行する

リボンの[実行]を左クリックします❶。

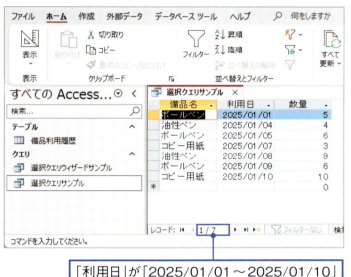

04 クエリが実行された

データシートビューに切り替わります。「利用日」が「2025/01/01～2025/01/10」のデータが7件抽出できます。
51ページの手順 10 ～ 11 の方法でクエリを上書き保存して閉じます。

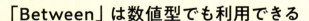

「利用日」が「2025/01/01～2025/01/10」のデータが7件抽出された

Check!

「Between」は数値型でも利用できる

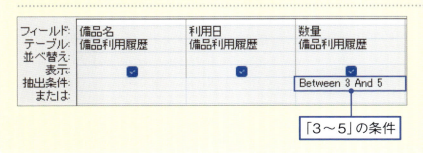

「○○から××」の条件は、数値型のフィールドでも使えます。スペースを含め、すべて半角文字で入力してください。

「3～5」の条件

データを並べ替えて抽出しよう

選択クエリで抽出したデータの並びはとくに基準がありません。
データの並びを指定したい場合、［並び替え］欄で設定します。

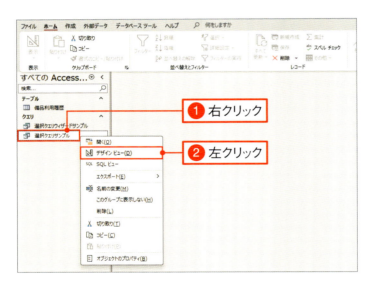

01 デザインビューで開く

ナビゲーションウィンドウの「選択クエリサンプル」を右クリックして❶、［デザインビュー］を左クリックします❷。

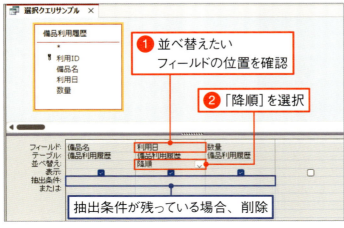

02 ［並び替え］を設定する

「選択クエリサンプル」クエリがデザインビューで開きます。
下部グリッドの［フィールド］欄が「利用日」の位置を確認します❶。その下の［並び替え］欄を左クリックし［降順］を選択します❷。
［抽出条件］が残っている場合はすべて削除してください。

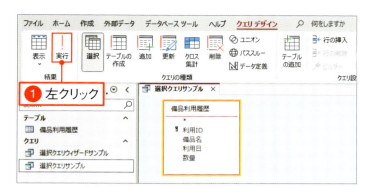

03 クエリを実行する

リボンの［実行］を左クリックします❶。

04 クエリが実行された

データシートビューに切り替わります。データが「降順（大きい順）」で抽出できます。
51ページの手順 10 ～ 11 の方法でクエリを上書き保存して閉じます。

「利用日」が「降順」でデータ抽出された

Check!

「昇順」と「降順」の覚え方

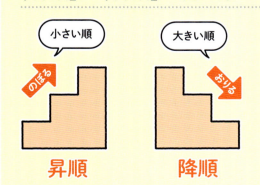

［昇順］［降順］について、階段をイメージして、「昇る＝小さい順」「降りる＝大きい順」と覚えましょう。

クエリを削除しよう

不要になったクエリは、削除を行いましょう。
クエリはテーブルに対する「命令」が保存されているオブジェクトなので、
クエリ自体を削除してもテーブルのデータには影響しません。

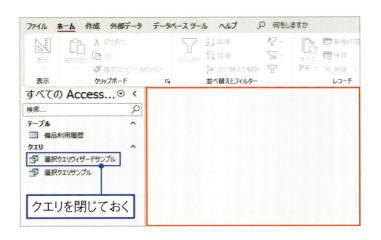

01 対象のクエリを閉じておく

削除対象のクエリを閉じておきます。開いている状態のクエリは削除できません。

02 メニューを表示する

ナビゲーションウィンドウ上で、削除したいクエリを右クリックします❶。

03 ［削除］を選択する

表示されたメニューから［削除］を左クリックします❶。

04 削除を確定する

確認メッセージが表示されるので、削除してよければ［はい］を左クリックします❶。

05 クエリが削除された

クエリが削除され、ナビゲーションウィンドウ上からも表示されなくなります。
最後に、画面右上の ✕ （［閉じる］）を左クリックして、Accessを終了します❶。

第3章 練習問題

1 テーブルからデータを抽出するクエリはどれですか？

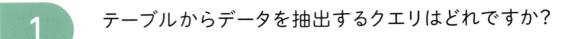

2 クエリを設定するためのビューはどれですか？

1 データシート ビュー(H)　　2 レイアウト ビュー(Y)　　3 デザイン ビュー(D)

3 ナビゲーションウィンドウからクエリを実行する操作はどれですか？

1 左クリック　　2 ダブルクリック　　3 右クリック

Chapter

4

複数のテーブルを
利用しよう

ここまで、1つのテーブルへデータを加えたり、デー
タを取り出したりといった手順を学んできました。しか
し、実際に仕事で扱うデータはシンプルなものばかり
ではありません。

情報を整理して分割することによって、より効率的な
管理ができるようになります。

この章で学ぶこと
複数のテーブルを使うメリットを理解しよう

1つのテーブルに情報を詰め込んでしまうとデータベースの能力を充分に発揮できません。
データは情報の種類でグループ分けして、テーブルを分割することでとても便利になります。

情報をグループ分けして別のテーブルで管理する

たとえば、以下のテーブルでは、同じ情報が何度も繰り返されています。これは、「商品に関する情報」と「商品を販売した情報」の2つが混在しているためです。これらの情報は、別のテーブルへ分けることで、最低限の容量でたくさんの情報を管理することができます。

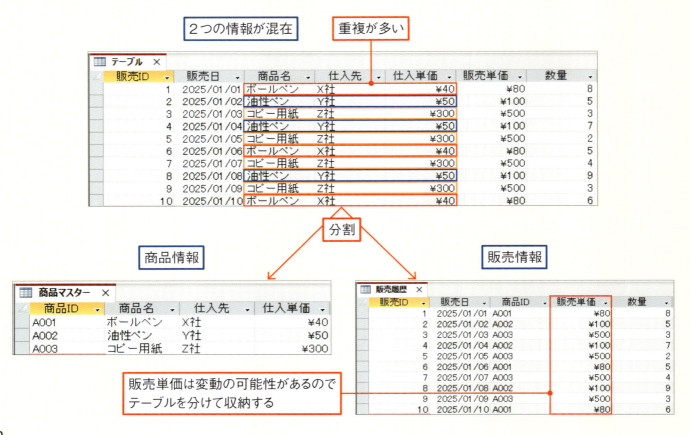

テーブルは2種類の性質がある

マスターテーブル

商品ID	商品名	仕入先	仕入単価
A001	ボールペン	X社	¥40
A002	油性ペン	Y社	¥50
A003	コピー用紙	Z社	¥300

データ群の基礎的な情報が収納されるテーブルです。データの変化が少なく、追加される頻度が比較的低いのが特徴です。マスターテーブルは、「○○マスター」や「○○マスタ」と名付けられる慣習があります。

トランザクションテーブル

販売ID	販売日	商品ID	販売単価	数量
1	2025/01/01	A001	¥80	8
2	2025/01/02	A002	¥100	5
3	2025/01/03	A003	¥500	3
4	2025/01/04	A002	¥100	7
5	2025/01/05	A003	¥500	2
6	2025/01/06	A001	¥80	5
7	2025/01/07	A003	¥500	4
8	2025/01/08	A002	¥100	9
9	2025/01/09	A003	¥500	3
10	2025/01/10	A001	¥80	6

更新が多く、頻繁に増加していく性質のデータが収納されるテーブルです。一般的には、記録や履歴などを管理します。

テーブルを関連付けて管理する

分割したテーブルは、「リレーションシップ」という設定でテーブル同士に関連性を持たせます。
参照整合性という機能で、マスター側に登録されている値しか、もう片方のテーブルには収納できなくなります。
トランザクションテーブルからは、共通のIDを通じてマスターテーブル内のほかのデータにアクセスできるため、最低限のデータ量で管理できます。また、片方のテーブルの1つのデータに対して、もう片方のテーブルで複数のデータが対応する構成を、「1対多」と表現します。

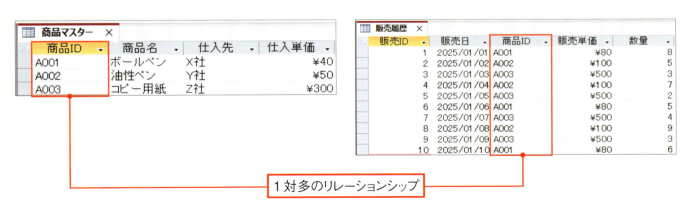

マスターテーブルを作成しよう

71ページで学んだマスターテーブルを作ってみましょう。
商品となる3つのアイテムに関する情報を収納するテーブルです。
「商品ID」、「商品名」、「仕入先」、「仕入単価」の4つのフィールドを作成します。

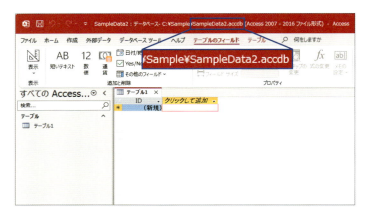

01 空のデータベースを作る

14ページを参照して、新たに空のデータベースを作ります。

> **Memo**
> ここでは、保存先は「C:¥Sample」フォルダー、ファイル名は「SampleData2.accdb」とします。

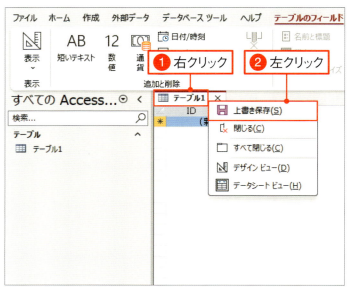

02 テーブルを保存する

作業ウィンドウのタブを右クリックして❶、表示されたメニューの[上書き保存]を左クリックします❷。

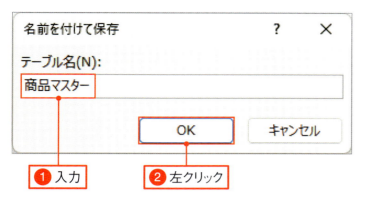

03 テーブル名を付ける

「商品マスター」と入力して❶、[OK]を左クリックします❷。

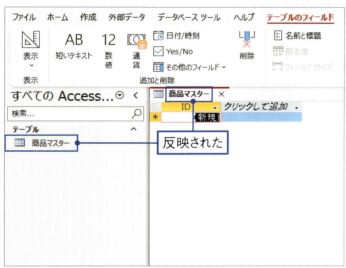

04 テーブルが保存された

変更が保存され、ナビゲーションウィンドウと作業ウィンドウのタブに表示されていたテーブル名が変わります。

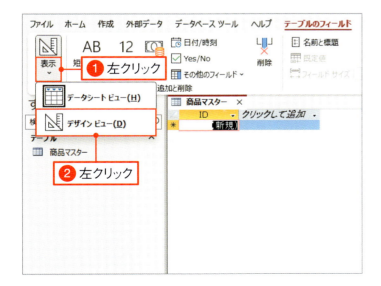

05 デザインビューへ切り替える

[表示]の下部を左クリックして❶、[デザインビュー]を左クリックします❷。

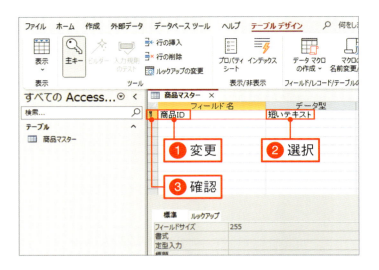

06 「商品ID」フィールドを作成する

「商品マスター」テーブルのデザインビューに切り替わります。
フィールド名の「ID」を「商品ID」へ変更して❶、データ型は［短いテキスト］を選択します❷。
このフィールドは主キーとして使うので、左端に鍵マークがあるのを確認しましょう❸。

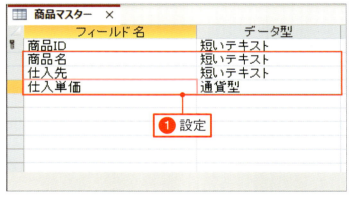

07 ほかのフィールドを作成する

続けて、30ページで解説した方法で、左図のようにフィールドを設定します❶。

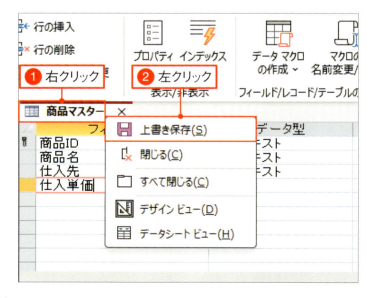

08 上書き保存する

作業ウィンドウのテーブル名のタブを右クリックして❶、表示されたメニューの［上書き保存］を左クリックします❷。

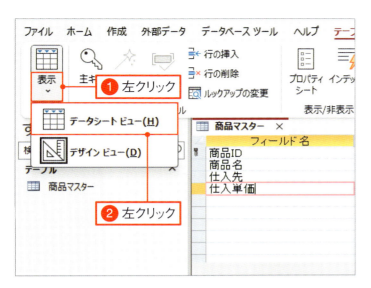

09 データシートビューへ切り替える

[表示]の下部を左クリックして❶、[データシートビュー]を左クリックします❷。

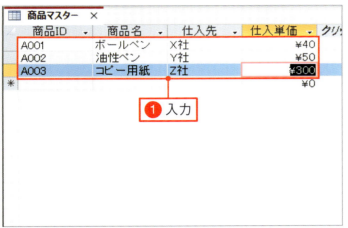

10 データを入力する

データシートビューに切り替わります。
32ページで解説した方法で、左図のように各フィールドにデータを入力します❶。

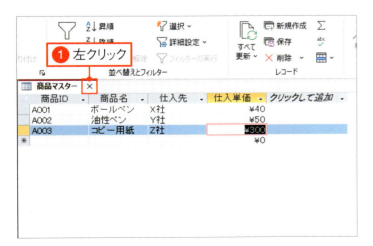

11 テーブルを閉じる

作業ウィンドウの ✕ ([閉じる])を左クリックしてテーブルを閉じます❶。

トランザクションテーブルを作成しよう

練習ファイル：04-02a　完成ファイル：04-02b

次に、トランザクションテーブルを作ってみましょう。
商品の販売情報を収納するテーブルです。
「販売ID」、「販売日」、「商品ID」、「販売単価」、「数量」の5つのフィールドを作成します。

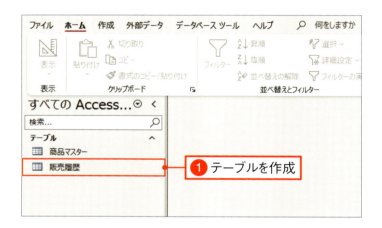

01 「販売履歴」テーブルを作成する

28ページで解説した方法で、「販売履歴」という名前のテーブルを作ります❶。

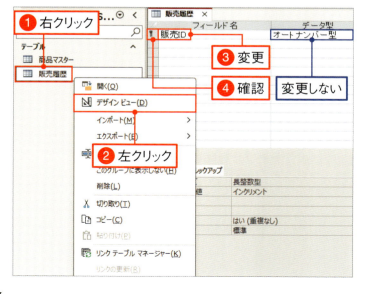

02 「販売ID」フィールドを作成する

ナビゲーションウィンドウの「販売履歴」テーブルを右クリックして❶、[デザインビュー]を左クリックします❷。
フィールド名の「ID」を「販売ID」へ変更します❸。このフィールドは主キーとして使うので、左端に 🔑 があるのを確認しておきます❹。
なお、データ型は[オートナンバー型]のままで変更しません。

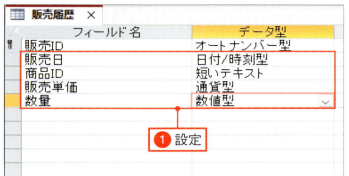

03 ほかのフィールドを作成する

続けて、30ページで解説した方法で、左図のようにフィールドを設定します❶。

04 上書き保存する

作業ウィンドウのテーブル名のタブを右クリックして❶、表示されたメニューの［上書き保存］を左クリックします❷。

05 データを入力する

37ページで解説した方法でデータシートビューに切り替え、32ページで解説した方法で、左図のように各フィールドにデータを入力します❶。
作業ウィンドウの ✕ （［閉じる］）を左クリックして、テーブルを閉じます❷。

Memo
データ入力済みのファイルとして、04-2b.accdbが用意されています。

4-3

練習ファイル：04-03a　完成ファイル：04-03b

テーブル間に
リレーションシップを設定しよう

マスターテーブルとトランザクションテーブルの作成ができました。
しかし、入力ルールを設定しないと、使っていくうちにテーブル同士の関連性が崩れてしまいます。
マスター側に登録されている値しか、もう片方のテーブルには入れられない設定にしてみましょう。

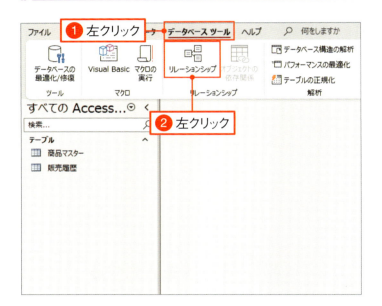

01 リレーションシップの設定を開く

［データベースツール］タブを左クリックして❶、［リレーションシップ］を左クリックします❷。

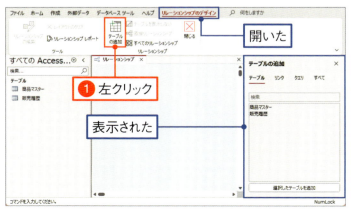

02 ［テーブルの追加］を表示する

［リレーションシップのデザイン］タブが開きます。
［テーブルの追加］を左クリックします❶。［テーブルの追加］ウィンドウが右側に表示されます。

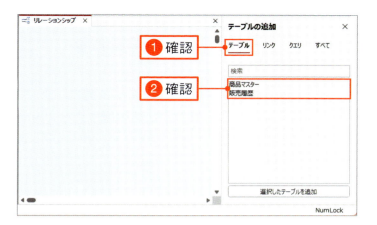

03 テーブルを確認する

[テーブルの追加] ウィンドウで [テーブル] タブが選択されていることを確認します❶。
[テーブルの追加] ウィンドウに2つのテーブルが表示されていることを確認します❷。ない場合は、23ページを参考にAccessをいったん終了して起動し直してください。

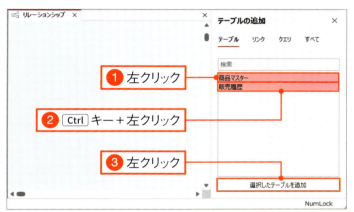

04 テーブルを追加する

「商品マスター」を左クリックし❶、Ctrl キーを押しながら「販売履歴」を左クリックします❷。[選択したテーブルを追加] を左クリックします❸。

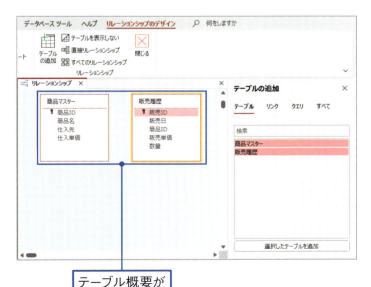

05 テーブルが追加された

作業ウィンドウに2つのテーブル概要が表示されます。

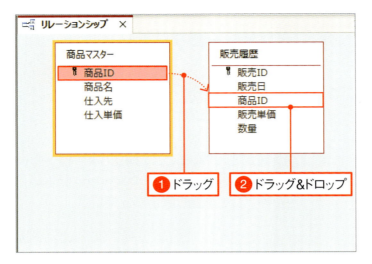

06 フィールドを重ねる

「商品マスター」テーブルの「商品ID」フィールドをドラッグし❶、「販売履歴」テーブルの「商品ID」フィールドまでドラッグ&ドロップします❷。

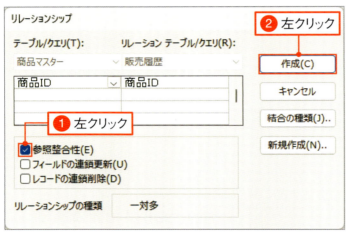

07 リレーションシップを作成する

[リレーションシップ]ダイアログボックスが開きます。[参照整合性]を左クリックして❶チェックを入れて、[作成]を左クリックします❷。

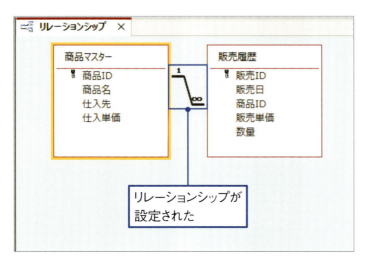

08 リレーションシップが設定された

フィールド同士が線で結ばれた表示になります。これで、2つのテーブル間にリレーションシップが設定されます。

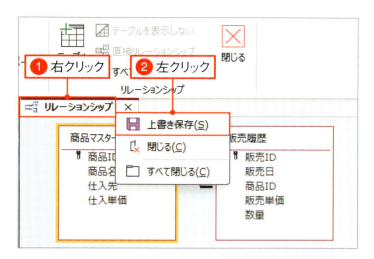

09 上書き保存する

作業ウィンドウのタブを右クリックして❶、表示されたメニューの［上書き保存］を左クリックします❷。

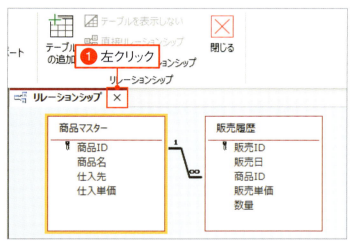

10 リレーションシップ設定を閉じる

作業ウィンドウの ☒（［閉じる］）を左クリックしてリレーションシップ設定を閉じます❶。

Check!

「1対多」の関係性も表示されている

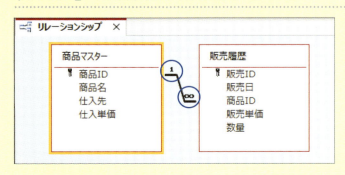

リレーションシップの線に表示されている「1」と「∞」は、1対多（71ページ参照）の関係性を表しています。

4-4

練習ファイル：04-04a　完成ファイル：なし

関連データを
サブデータシートで確認しよう

リレーションシップとは、日本語で「関連性」です。
2つのテーブルにリレーションシップを設定したことで、データ同士に関連性ができました。
テーブルのデータシートビューで、ほかのテーブルの関連データを確認することができます。

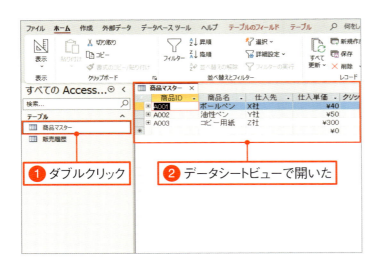

01 「備品マスター」テーブルを開く

ナビゲーションウィンドウの「商品マスター」をダブルクリックします❶。
テーブルの既定の動作である「データシートビュー」で開きます❷。

02 「A001」のサブデータシートを開く

「A001」フィールドの左側に表示されている ⊞ を左クリックします❶。

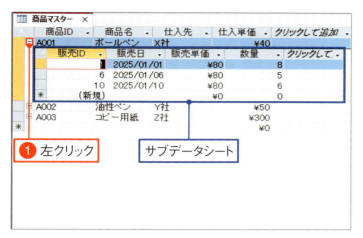

03 サブデータシートが開いた

⊞ が ⊟ へ変化し、1段下がった場所にサブデータシートと呼ばれる領域が開きました。
ここには、「販売履歴」テーブルの「A001」フィールドに関連のあるデータのみが表示されます。
レコードの左側に表示されている ⊟ を左クリックします❶。

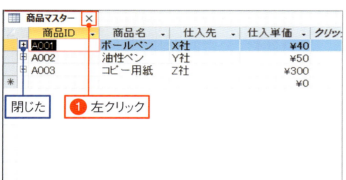

04 テーブルを閉じる

サブデータシートが閉じます。閉じると ⊞ に変化します。
✕（［閉じる］）を左クリックしてテーブルを閉じます❶。

Check!

サブデータシートは「1側」のテーブルに現れる

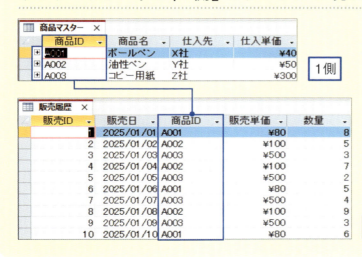

「商品ID」という共通のフィールドを通じて2つのテーブルが結び付いているため、関連したデータを閲覧することができます。
なお、サブデータシートは、1対多のリレーションシップ（71ページ参照）が設定されているテーブルのうち、1側（マスターテーブル側）にのみ表示されます。

練習ファイル：04-05a　完成ファイル：04-05b

ルックアップフィールドを設定しよう

「販売履歴」テーブルで「商品ID」を入力する際、間違いに注意しなければなりません。「A001」「A002」「A003」のいずれかを、半角／全角／大文字／小文字の間違いなく入力するためには、直接入力ではなく、選択式にすると便利です。

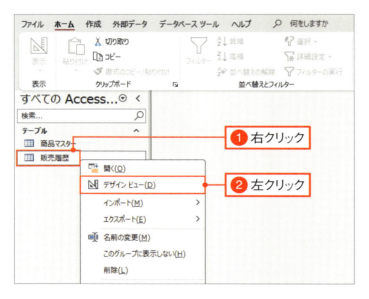

01 「販売履歴」テーブルを開く

ナビゲーションウィンドウの「販売履歴」テーブルを右クリックして❶、［デザインビュー］を左クリックします❷。

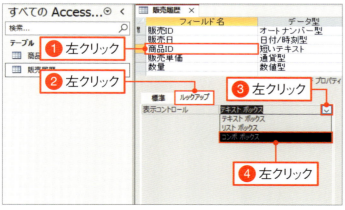

02 「商品ID」の設定をする

デザインビューで開きます。
「商品ID」フィールドを左クリックして❶、下部の［ルックアップ］タブを左クリックします❷。
［表示コントロール］欄の右端の ⌄ を左クリックして❸、［コンボボックス］を左クリックします❹。

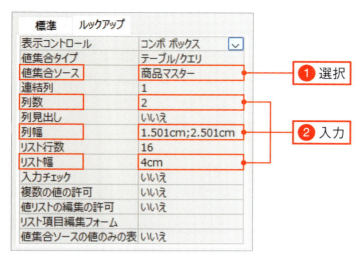

03 ルックアップの設定をする

［値集合ソース］に「商品マスター」を選択します❶。

［列数］に「2」、［列幅］に「1.5cm;2.5cm」、［リスト幅］に「4cm」とそれぞれ入力します❷。なお、入力した数字が多少変化しても問題ありません。

これで「商品マスター」テーブルの左から2列を選択肢として表示することができます。

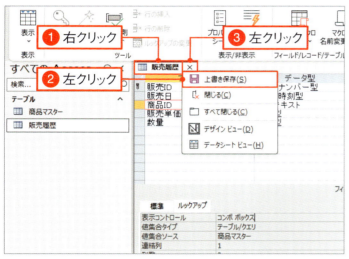

04 上書き保存して閉じる

作業ウィンドウのタブを右クリックして❶、［上書き保存］を左クリックします❷。

☒（［閉じる］）を左クリックしてテーブルを閉じます❸。

Check!

小数点以下に細かな数字が現れても大丈夫！

アクセスで使われている単位

トゥイップ
Twip

1Twip = 1/567cm
1Twip = 1/1440inch

アクセスでは、内部でTwip（Twentieth of an Inch Point）という単位を使っているため、cmで入力した数字が近似値に変化することがあります。変化しても問題はありません。

第4章 複数のテーブルを利用しよう

4-6 ルックアップフィールドを利用してデータを入力しよう

練習ファイル：04-06a　完成ファイル：04-06b

4-5で設定したルックアップフィールドを使ってみましょう。
データシートビューで該当フィールドを入力するときに
表示される選択肢を利用することができます。

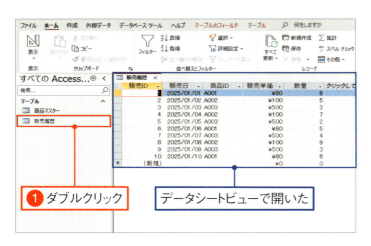

01 「販売履歴」テーブルを開く

ナビゲーションウィンドウの「販売履歴」をダブルクリックします❶。
テーブルの既定の動作である「データシートビュー」で開きます。

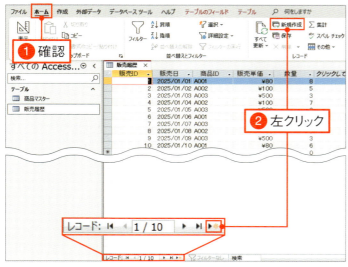

02 新規レコードに移動する

[ホーム]タブが選択されていることを確認します❶。
リボンの[新規作成]、または ([新規レコード])を左クリックします❷。

03 レコードが移動した

10件あるレコードの一番下である、「新規」のレコードへ移動します。

04 ルックアップフィールドを利用する

「商品ID」フィールド内で左クリックします❶。右側に表示された ☑ を左クリックします❷。84ページの設定により、「商品マスター」テーブルの左から2列が選択肢として現れます。「A001」を左クリックします❸。

05 選択したデータが入力できた

選択した「A001」が入力されます。ほかのフィールドも入力して❶、[保存]を左クリックします❷。
☒ ([閉じる])を左クリックして❸、テーブルを閉じます。

4-7 リレーションシップを削除しよう

練習ファイル：04-07a　完成ファイル：04-07b

設定したリレーションシップが不要になったら削除しましょう。
4-3と同じく、リレーションシップの設定画面で削除することができます。

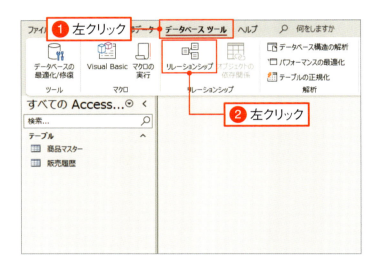

01 リレーションシップの設定を開く

［データベースツール］タブを左クリックして❶、［リレーションシップ］を左クリックします❷。

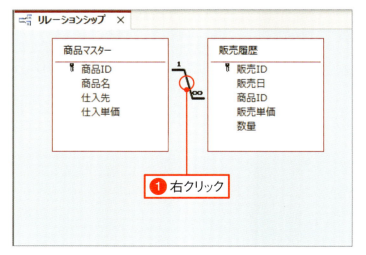

02 メニューを表示する

リレーションシップが設定されているテーブルは、線でつながれています。この線を右クリックします❶。

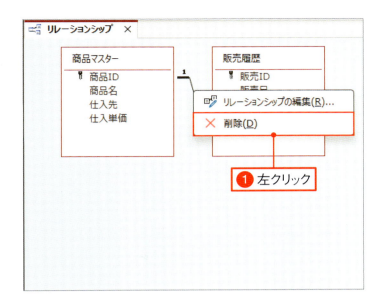

03 ［削除］を選択する

表示されたメニューの［削除］を左クリックします❶。

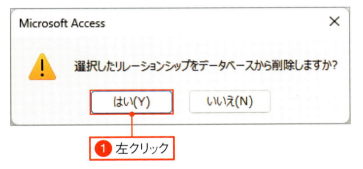

04 削除を確定する

確認メッセージが表示されるので、削除してよければ［はい］を左クリックします❶。

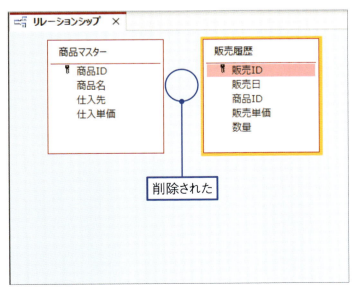

05 リレーションシップが削除された

リレーションシップの線が消えます。81ページの手順09〜10を参照して、リレーションシップを上書き保存して閉じます。
23ページの手順01〜02を参照して、Accessを終了します。

第 **4** 章 | 練習問題

---

1 マスターテーブルに収納するデータの特徴に合うのはどれですか?

1 基礎的な情報の
データ

2 頻繁に増加する
データ

3 履歴や記録など
のデータ

---

2 トランザクションテーブルに収納するデータの特徴に合うのはどれですか?

1 頻繁に増加する
データ

2 追加される頻度
が低いデータ

3 基礎的な情報の
データ

---

3 リレーションシップで、片方のテーブルの1つのデータに対して、もう片方のテーブルで複数のデータが対応する構成をなんと呼びますか?

1 1対1

2 1対多

3 多対多

Chapter

5

実践的なクエリを
利用しよう

3章で選択クエリを学びましたが、データを抽出する
テーブルは1つでした。この章では、4章で作った複
数のテーブルからデータを抽出する方法を学びます。
データを取り出す「選択クエリ」だけでなく、データに
変更を加える「アクションクエリ」も解説します。

この章で学ぶこと
クエリの多様な使い方を理解しよう

42ページで説明したように、クエリには「選択クエリ」と「アクションクエリ」の2種類があります。実務では、複数テーブルから複雑な条件を付けてデータを抽出したり、クエリからデータを変更したりすることも多くあります。さまざまなクエリの使い方も学びましょう。

テーブル結合

テーブルを複数に分割すると、管理するデータが最小限になってコンピュータ側にはとても効率的ですが、見たいデータが分散してしまうため、人間側にはあまりわかりやすくないように思えます。
しかし、選択クエリには「テーブル結合」というしくみがあって、1つのクエリで2つの別々のテーブルから、異なるフィールドのデータを抽出することができます。

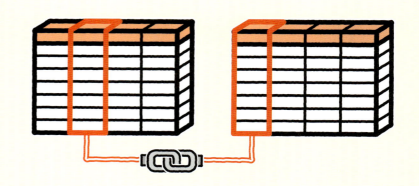

式の結果を表示

選択クエリは、ただテーブルのデータを抽出して並べるだけでなく、抽出したデータを集計したり、計算したりした結果を表示することもできます。
既存のフィールド同士を掛け合わせた結果や、特定データの合計などを算出すれば、データ分析に役立ちます。

アクションクエリ

テーブルのデータに変更を加えることができるクエリの総称を、「アクションクエリ」と呼びます。
テーブルのデータシートビューを使って、テーブルに変更を加えることは手軽ですが、意図せず変更してしまうリスクもあり、データベースではテーブルを直接操作せずに、アクションクエリを利用するのが一般的です。
本書では、テーブルにデータを追加する「追加クエリ」、テーブルの既存のデータを変更する「更新クエリ」、テーブルのデータを削除する「削除クエリ」の3つのアクションクエリを解説します。

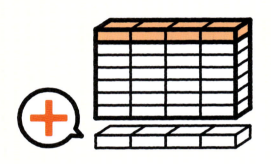

追加クエリ
クエリを使って、既存のテーブルにデータを追加します。

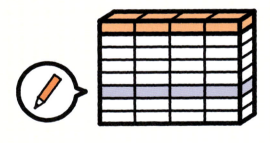

更新クエリ
クエリを使って、テーブルにある既存のデータを書き換えます。

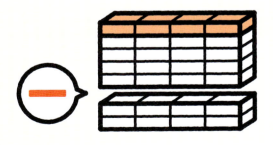

削除クエリ
クエリを使って、テーブルにある既存のデータを削除します。

練習ファイル：05-01a　完成ファイル：05-01b

複数のテーブルから フィールドを抽出しよう

4章で、マスターテーブルとトランザクションテーブルを作成しました。
テーブルを分けると管理は効率的になりますが、そのままでは閲覧しにくいですよね。
選択クエリを使って、1つの場所へ別々のテーブルからフィールドを抽出してみましょう。

01 サンプルを開く

この章では、Chapter 4で作成した「販売履歴」テーブルに、300件のデータが登録されているものを使います。
22ページの方法で、ダウンロードサンプルの「Chapter5」フォルダーの「05-01a.accdb」を開きます。

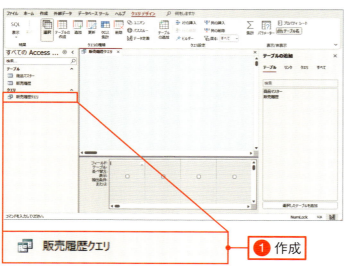

❶ 作成

02 選択クエリを作成する

48ページの手順 01 ～ 05 で解説した方法で、「販売履歴クエリ」という名前の選択クエリを作ります❶。

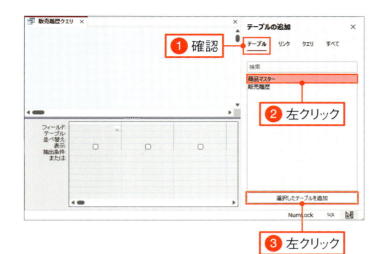

03 「商品マスター」を選択する

右側の[テーブルの追加]ウィンドウの[テーブル]タブが選択されていることを確認します❶。
「商品マスター」を左クリックして❷、[選択したテーブルを追加]を左クリックします❸。

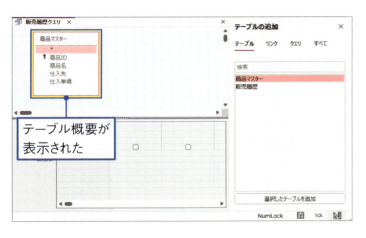

04 テーブルが選択された

左上のスペースに、「商品マスター」テーブルの概要が表示されます。

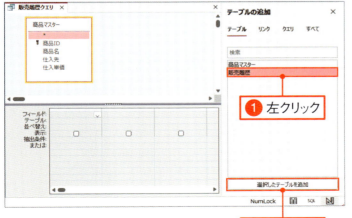

05 「販売履歴」を選択する

「販売履歴」を左クリックして❶、[選択したテーブルを追加]を左クリックします❷。

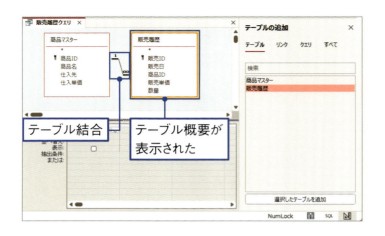

06 テーブルが選択された

左上のスペースに、「販売履歴」テーブルの概要が表示されます。
このとき、4章で設定したリレーションシップが引き継がれて、テーブル結合に利用されます。

> **Memo**
> 結合線が正しく表示されない場合、51ページの手順 10 〜 11 の方法でクエリを上書き保存して閉じ、54ページの手順 01 の方法を使ってデザインビューで開き直します。

07 「販売日」を選択する

「販売履歴」テーブルの「販売日」フィールドを、左端のグリッドにドラッグ&ドロップします❶。

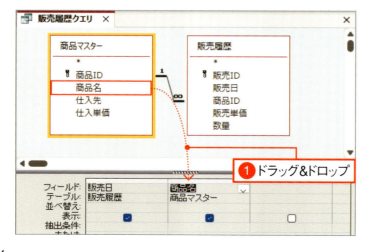

08 「商品名」を選択する

「商品マスター」テーブルの「商品名」フィールドを、「販売日」フィールドの右隣りのグリッドにドラッグ&ドロップします❶。

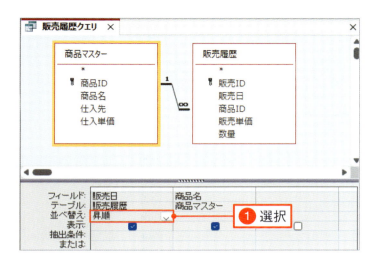

09 並び替えを設定する

「販売日」フィールドの[並び替え]欄で[昇順]を選択します❶。

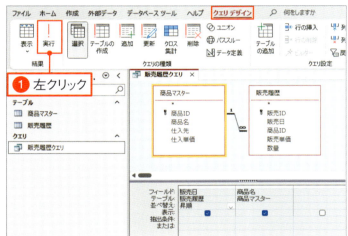

10 クエリを実行する

[クエリデザイン]タブの[実行]を左クリックします❶。

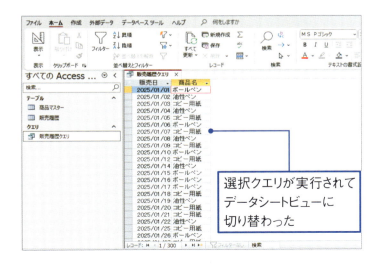

11 クエリが実行された

選択クエリが実行されてデータシートビューに切り替わります。

テーブルが結合され、1つの選択クエリを使って別々のテーブルからデータを抽出することができます。

確認したら、51ページの手順 10 ～ 11 の方法で、クエリを上書き保存して閉じます。

5-2

練習ファイル：05-02a　完成ファイル：05-02b

選択クエリのデータを編集不可にしよう

選択クエリのデータシートビューでは、テーブルと同じようにデータの編集が可能です。意図せず書き換えてしまう恐れがあるので、閲覧専用にしたい場合は編集不可にしましょう。

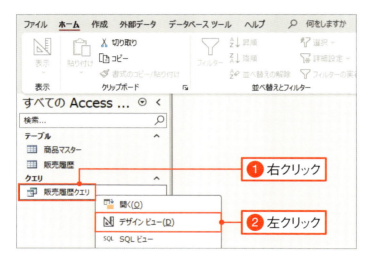

01 デザインビューで開く

ナビゲーションウィンドウの「販売履歴クエリ」を右クリックして❶、[デザインビュー]を左クリックします❷。

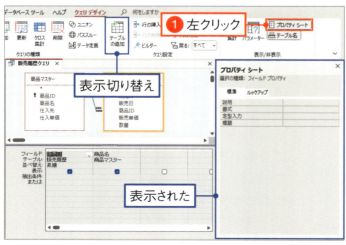

02 プロパティシートを開く

リボンの[プロパティシート]を左クリックします❶。画面右側に[プロパティシート]が表示されます。

> **Memo**
> [テーブルの追加]ウィンドウは、リボンの[テーブルの追加]を左クリックすると表示／非表示を切り替えられます。

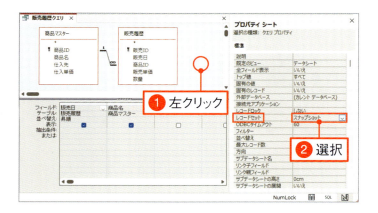

03 [スナップショット]を選択する

作業ウィンドウ内の、余白のスペースを左クリックします❶。
プロパティシートの[レコードセット]欄で[スナップショット]を選択します❷。

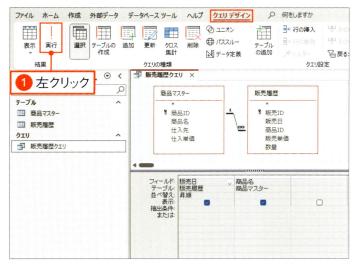

04 クエリを実行する

[クエリデザイン]タブの[実行]を左クリックします❶。

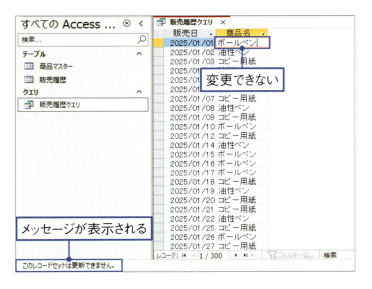

05 編集できなくなった

選択クエリが実行されてデータシートビューに切り替わります。
フィールドのデータを変更しようとしてもできません。また、ステータスバーに「このレコードセットは更新できません。」と表示されます。
確認したら、51ページの手順 10 ～ 11 の方法で、クエリを上書き保存して閉じます。

第5章 実践的なクエリを利用しよう

5-3 演算フィールドを使って計算しよう

練習ファイル：05-03a　完成ファイル：05-03b

選択クエリは、計算式を入力して結果を表示することもできます。
式の結果から作成されるフィールドのことを「演算フィールド」と呼びます。
実行のたびに再計算されるので、テーブルのデータが変われば結果も変わります。

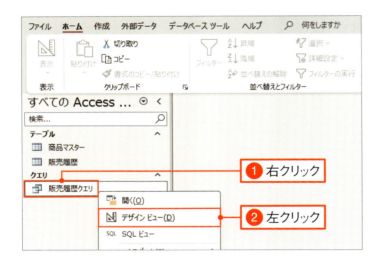

01 デザインビューで開く

ナビゲーションウィンドウの「販売履歴クエリ」を右クリックして❶、[デザインビュー]を左クリックします❷。

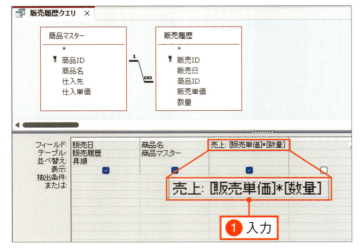

02 「売上」フィールドを作成する

一番右の[フィールド]の欄に、「売上:[販売単価]*[数量]」と入力します❶。
「販売単価」と「数量」を乗算した結果を、「売上」というフィールド名で表示させる式です。

> **Memo**
> :、[、]、* は半角で入力します。

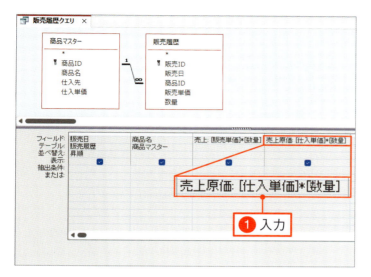

03 「売上原価」フィールドを作成する

一番右の[フィールド]の欄に、「売上原価:[仕入単価]*[数量]」と入力します❶。
「仕入単価」と「数量」を乗算した結果を、「売上原価」というフィールド名で表示させる式です。

> **Memo**
> :、[、]、* は半角で入力します。

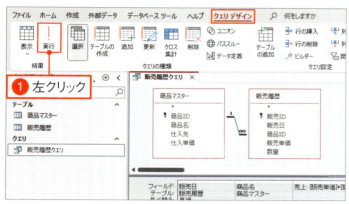

04 クエリを実行する

[クエリデザイン]タブの[実行]を左クリックします❶。

05 クエリが実行された

選択クエリが実行されてデータシートビューに切り替わります。
テーブルのデータを使って計算した、「売上」と「売上原価」という演算フィールドが表示されます。
確認したら、51ページの手順 10 〜 11 の方法で、クエリを上書き保存して閉じます。

5-4

練習ファイル：05-04a　完成ファイル：05-04b

条件を複数にして抽出しよう

選択クエリでデータを抽出する条件は、複数設定することができます。
ここでは、「○○かつ××」となる、「複数の条件をすべて満たす」データを抽出してみましょう。
「○○かつ××」の条件のことを「AND条件」と呼びます。

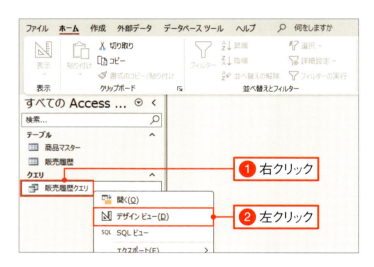

01 デザインビューで開く

ナビゲーションウィンドウの「販売履歴クエリ」を右クリックして❶、[デザインビュー]を左クリックします❷。

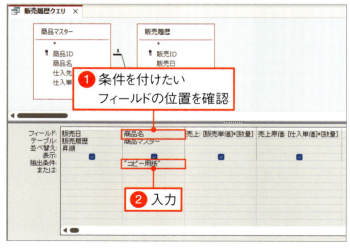

02 1つ目の[抽出条件]を入力する

デザインビューで開きます。
下部グリッドの[フィールド]欄が「商品名」の位置を確認します❶。その下の[抽出条件]欄へ「"コピー用紙"」と入力します❷。

Memo
"は半角で入力します。

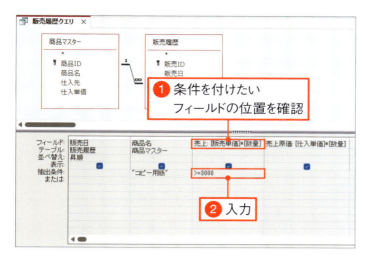

03 2つ目の[抽出条件]を入力する

[フィールド]欄が「売上」の位置を確認します❶。その下の[抽出条件]欄へ「>=3000」と入力します❷。
この形で、「条件1」かつ「条件2」という命令になります。

> **Memo**
> >と=、数値は半角で入力します。

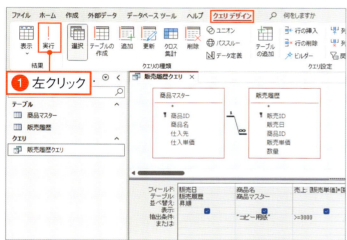

04 クエリを実行する

[クエリデザイン]タブの[実行]を左クリックします❶。

05 クエリの結果を確認する

データシートビューに切り替わります。商品名が「コピー用紙」かつ売上3000円以上のデータのみ、36件抽出できます。
51ページの手順10〜11の方法で、クエリを上書き保存して閉じます。

2つの内、どちらかの条件を満たしたデータを抽出しよう

練習ファイル：05-05a　完成ファイル：05-05b

選択クエリで抽出条件を複数にする場合、「○○または××」という条件もよく使われます。ここでは、「複数の条件のいずれかを満たす」データを抽出してみましょう。「○○または××」の条件のことを「OR条件」と呼びます。

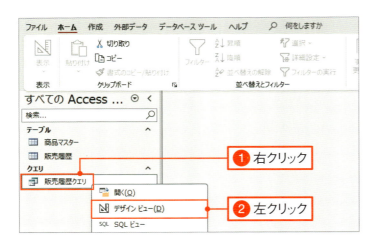

01 デザインビューで開く

ナビゲーションウィンドウの「販売履歴クエリ」を右クリックして❶、[デザインビュー]を左クリックします❷。

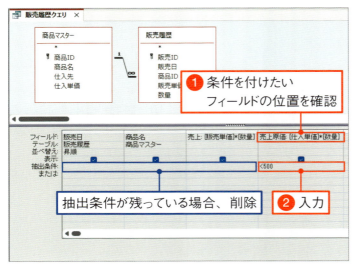

02 [抽出条件]を入力する

デザインビューで開きます。
下部グリッドの[フィールド]欄が「売上原価」の位置を確認します❶。その下の[抽出条件]欄へ「<500」と入力します❷。
ほかの[抽出条件]が残っている場合は削除してください。

> **Memo**
> <と数値は半角で入力します。

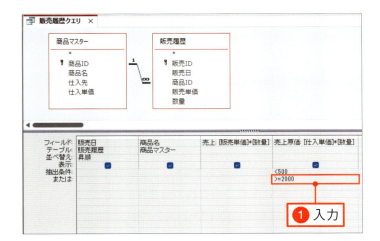

03 ［または］を入力する

同じフィールドの［または］欄へ半角文字で「>=2000」と入力します❶。
この形で、「条件1」または「条件2」という命令になります。

> **Memo**
> >と=、数値は半角で入力します。

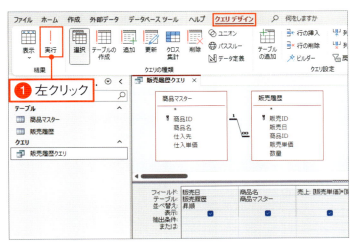

04 クエリを実行する

［クエリデザイン］タブの［実行］を左クリックします❶。

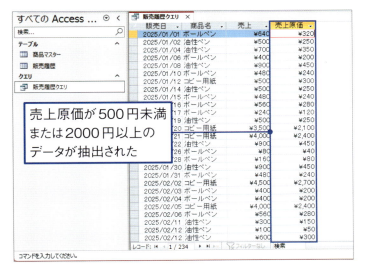

05 クエリの結果を確認する

データシートビューに切り替わります。売上原価が500円未満または2000円以上のデータのみ、234件抽出できます。
51ページの手順 10 〜 11 の方法で、クエリを上書き保存して閉じます。

練習ファイル：05-06a　完成ファイル：05-06b

グループごとにまとめて集計しよう

選択クエリには、「グループ化」という機能があります。
対象のフィールドが同じ値のデータをまとめて、集計を行うことができます。
合計や平均、最大値や最小値などを算出したいときに使いましょう。

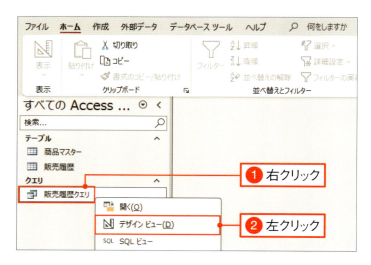

01 デザインビューで開く

ナビゲーションウィンドウの「販売履歴クエリ」を右クリックして❶、[デザインビュー]を左クリックします❷。

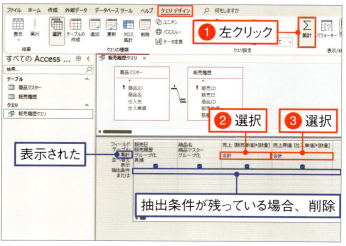

02 [集計]の設定をする

デザインビューで開きます。
[クエリデザイン]タブの[集計]を左クリックすると❶、グリッドに[集計]欄が表示されます。「売上」の[集計]欄で[合計]を選択します❷。「売上原価」の[集計]欄で[合計]を選択します❸。
ほかの[抽出条件]が残っている場合は削除してください。

106

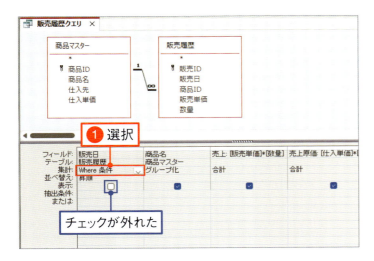

03 Where条件を作成する

「販売日」フィールドの[集計]欄で[Where条件]を選択します❶。
すると、[表示]欄のチェックが外れます。これは、抽出せず条件のみに使われる設定です。

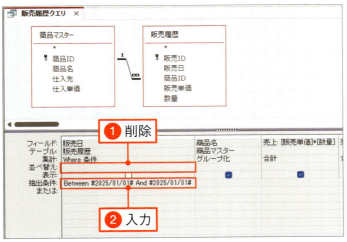

04 条件を設定する

「販売日」フィールドの[並び替え]に設定されている[昇順]を削除します❶。
62ページで解説した方法で、[抽出条件]欄へ「Between #2025/01/01# And #2025/01/31#」と入力します❷。

> **Memo**
> ＃やスペースも含め、すべて半角英数で入力します。

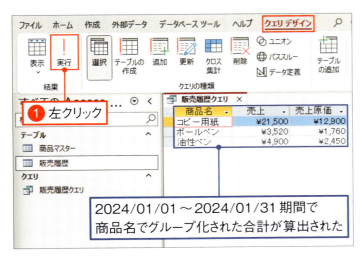

05 実行して結果を確認する

[クエリデザイン]タブの[実行]を左クリックします❶。データシートビューに切り替わります。
「2025/1/1～2025/1/31」で、商品名でグループ化された売上と売上原価の合計額が算出されます。
51ページの手順 10 ～ 11 の方法で、クエリを上書き保存して閉じます。

第5章 実践的なクエリを利用しよう

107

5-7

クエリを使ってデータを追加しよう

練習ファイル：05-07a　完成ファイル：05-07b

データに変更を加えるアクションクエリである「追加クエリ」を作ってみましょう。
テーブルを直接操作せずにデータを追加することができます。

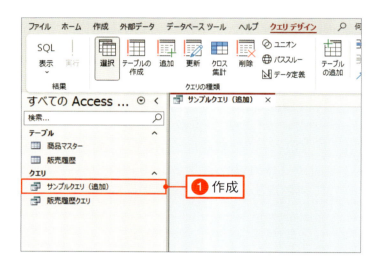

01 新規クエリを作成する

48ページの手順 01 ～ 05 で解説した方法で、「サンプルクエリ（追加）」という名前のクエリを作ります❶。

02 クエリの種類を変更する

[クエリデザイン] タブの [追加] を左クリックして、クエリの種類を「追加クエリ」へ変更します❶。

108

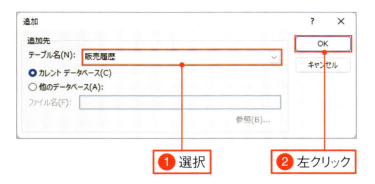

03 テーブルを選択する

[追加] ダイアログボックスが開きます。データを追加する対象のテーブル名へ「販売履歴」を選択して❶、[OK] を左クリックします❷。

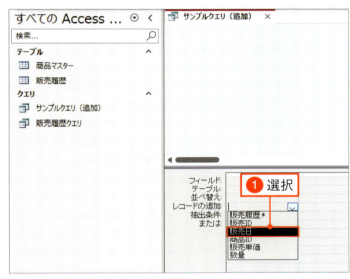

04 フィールドを選択する

グリッドの [レコードの追加] 欄で、フィールドを指定します。「販売日」を選択します❶。

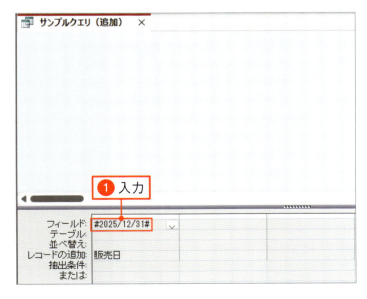

05 「販売日」の値を入力する

[フィールド] 欄で、書き込みたいフィールドの値を指定します。「#2025/12/31#」と入力します❶。

Memo
#と数字はすべて半角で入力します。

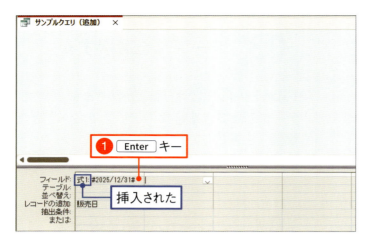

06 Enter キーを押す

Enter キーを押します❶。カーソルが右隣りに移って、入力した値の前に「式1:」と挿入されます。

Memo
「式1:」は任意の文字列なので、左図と異なっていても問題ありません。

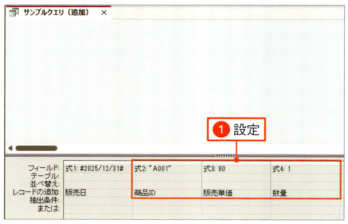

07 ほかのフィールドを設定する

手順 04 〜 06 の方法で、左図のようにフィールドを設定します❶。

Memo
「販売ID」フィールドはオートナンバー型のため、ここでは必要ありません。"や数字、アルファベットはすべて半角で入力します。

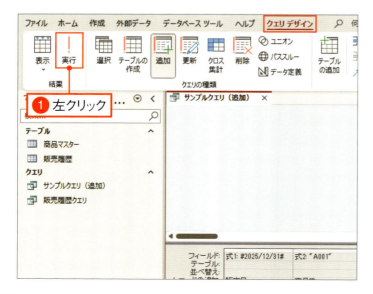

08 クエリを実行する

[クエリデザイン] タブの [実行] を左クリックします❶。

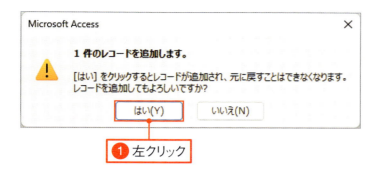

09 追加を確定する

確認メッセージが表示されるので、確認して[はい]を左クリックします❶。

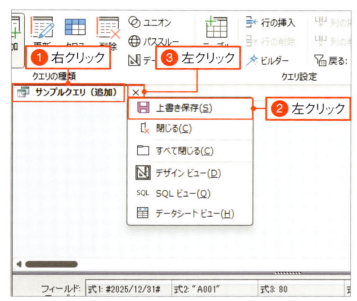

10 クエリを上書きして閉じる

作業ウィンドウのタブを右クリックして❶、表示されたメニューの[上書き保存]を左クリックします❷。
×([閉じる])を左クリックします❸。

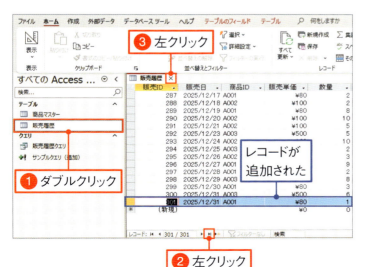

11 テーブルを確認する

ナビゲーションウィンドウの「販売履歴」テーブルをダブルクリックします❶。データシートビューで開きます。
▶︎([最終レコード])を左クリックします❷。レコードが移動して、クエリによって追加されたレコードが確認できます。
×([閉じる])を左クリックしてテーブルを閉じます❸。

5-8 クエリを使ってデータを更新しよう

練習ファイル：05-08a　完成ファイル：05-08b

データに変更を加えるアクションクエリの1つ、
「更新クエリ」を作ってみましょう。
ここでは、指定の「商品ID」の「販売単価」を一括で書き換えます。

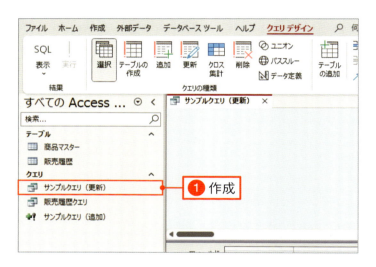

01 新規クエリを作成する

48ページの手順 01 ～ 05 で解説した方法で、「サンプルクエリ（更新）」という名前のクエリを作ります❶。

02 クエリの種類を変更する

［クエリデザイン］タブの［更新］を左クリックして、クエリの種類を「更新クエリ」へ変更します❶。

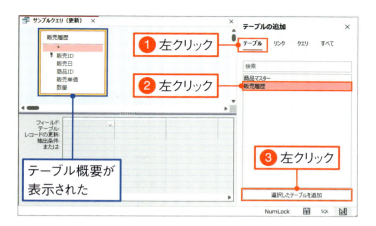

03 テーブルを選択する

右側の[テーブルの追加]ウィンドウの[テーブル]タブを左クリックして❶、「販売履歴」を左クリックします❷。[選択したテーブルを追加]を左クリックします❸。
左上のスペースに、「販売履歴」テーブルの概要が表示されます。

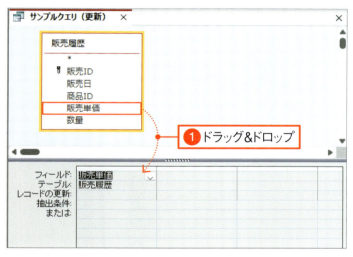

04 更新したいフィールドを選択する

「販売単価」フィールドをグリッドにドラッグ&ドロップします❶。

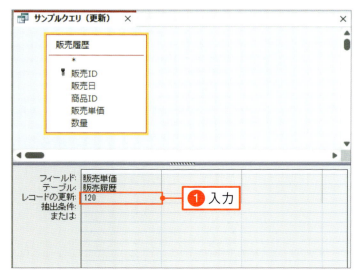

05 更新する値を入力する

[レコードの更新]欄に「120」と入力します❶。ただし、これだけだとすべてのデータの「販売単価」が「120」に書き変わってしまうので、次の手順で条件も設定します。

Memo
数字は半角で入力します。

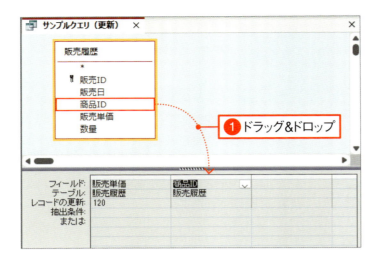

06 条件用のフィールドを選択する

「商品ID」フィールドを、グリッドにドラッグ＆ドロップします❶。

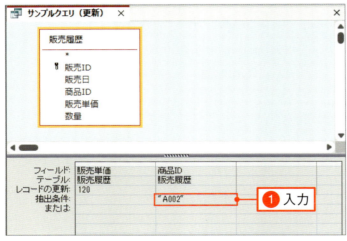

07 条件を設定する

[抽出条件]欄へ「"A002"」と入力します❶。これで、「商品ID」が「"A002"」のデータのみ、更新される設定となります。

> **Memo**
> "や数字、アルファベットはすべて半角で入力します。

08 クエリを実行する

[クエリデザイン]タブの[実行]を左クリックします❶。

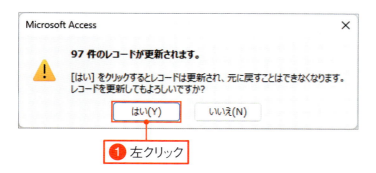

09 更新を確定する

確認メッセージが表示されるので、確認して[はい]を左クリックします❶。

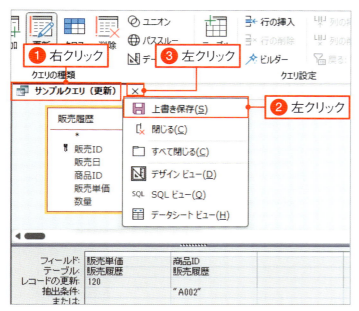

10 クエリを上書きして閉じる

作業ウィンドウのタブを右クリックして❶、表示されたメニューの[上書き保存]を左クリックします❷。
☒([閉じる])を左クリックします❸。

11 テーブルを確認する

ナビゲーションウィンドウの「販売履歴」テーブルをダブルクリックします❶。データシートビューで開きます。「商品ID」が「A002」の「販売単価」がすべて「120円」へ更新されたことが確認できます。
☒([閉じる])を左クリックしてテーブルを閉じます❷。

5-9 クエリを使ってデータを削除しよう

練習ファイル：05-09a 完成ファイル：05-09b

データに変更を加えるアクションクエリの1つ、「削除クエリ」を作ってみましょう。
ここでは、特定期間のデータを削除します。
削除クエリは、条件なしで実行すると、対象のテーブルを空にすることもできます。

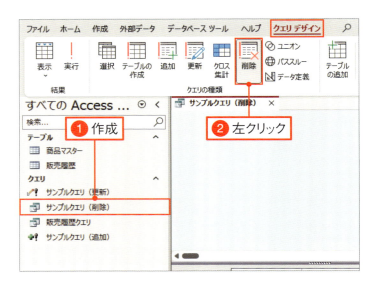

01 削除クエリを作成する

48ページの手順 01 〜 05 で解説した方法で、「サンプルクエリ（削除）」という名前のクエリを作ります❶。
[クエリデザイン] タブの [削除] を左クリックして、クエリの種類を「削除クエリ」へ変更します❷。

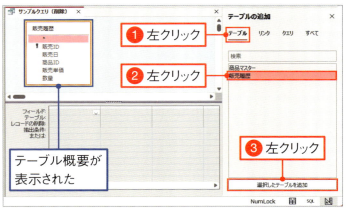

02 テーブルを選択する

[テーブルの追加] ウィンドウの [テーブル] タブを左クリックして❶、「販売履歴」を左クリックします❷。[選択したテーブルを追加] を左クリックします❸。
左上のスペースに、「販売履歴」テーブルの概要が表示されます。

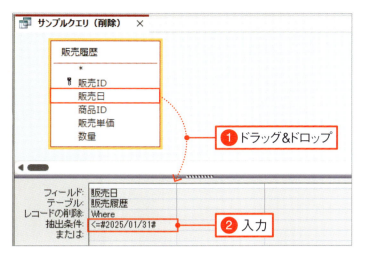

03 条件を設定する

「販売日」フィールドを、下部のグリッドにドラッグ&ドロップして❶、[抽出条件]欄へ「<=#2025/01/31#」と入力します❷。
「販売日」が「2025/01/31 以前」のレコードのみ、削除される設定となります。

Memo
<、=、#、/ なども含め、すべて半角英数で入力します。

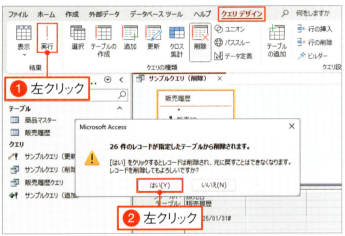

04 クエリを実行する

[クエリデザイン]タブの[実行]を左クリックします❶。
確認メッセージが表示されるので、確認して[はい]を左クリックします❷。
51ページの手順 10 〜 11 の方法で、クエリを上書き保存して閉じます。

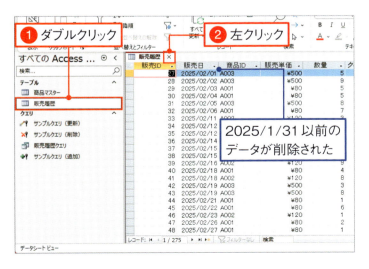

05 テーブルを確認する

ナビゲーションウィンドウの「販売履歴」テーブルをダブルクリックして開きます❶。
販売日が「2025/01/31 以前」のデータがすべて削除されたことが確認できます。X([閉じる])を左クリックしてテーブルを閉じます❷。
23ページの手順 01 〜 02 を参照して、Accessを終了します。

第5章 実践的なクエリを利用しよう

117

第5章 練習問題

1 選択クエリのデータシートビューにおいて、フィールドのデータを変更できなくするには、プロパティシートの［レコードセット］欄を次のどの値に設定しますか？

① ダイナセット　　② スナップショット　　③ 設定しない

2 選択クエリで、数量が10未満のデータを抽出する条件はどれですか？

① 　② 　③

3 同じ商品名や同じ日付ごとに「グループ化」して集計するクエリを作成する際に、左クリックするのはどれでしょうか？

① 　② 　③

Chapter

6

フォームを利用して
専用画面でデータを
入力しよう

この章では、フォームというオブジェクトについて学び
ます。
データベースをより「アプリケーション」らしく、使いや
すくするためのオブジェクトです。

この章で学ぶこと

フォームについて理解しよう

フォームは、ユーザーがテーブルにデータを入力したり、編集したりするための画面です。
レイアウトを自由にカスタマイズできるため、データの操作がより直感的に行えて、
テーブルとクエリだけよりも、データベースをかんたんに扱えるようになります。

データベースのシステムは、3層でできている

一般的に、データベースシステムは「操作」「処理」「データベース」の3層の構造でできています。「操作」層でデータの入力を行い、「処理」層でデータを書き込み、「データベース」層でデータを保管します。ふたたび「処理」層で必要なデータを取り出し、「操作」層でデータを閲覧する、こんな流れになっています。Accessでは「データベース」層はテーブル、「処理」層はクエリになっていて、「操作」層をフォームで作ることができます。

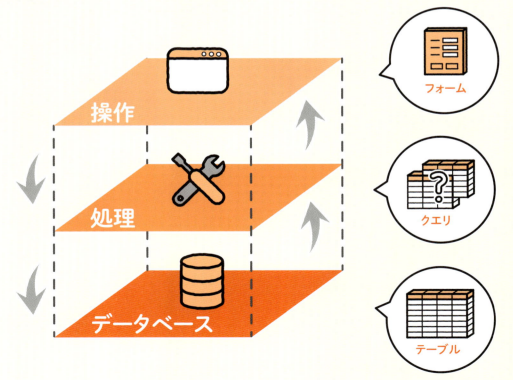

操作画面を作るメリット

テーブルでもデータの編集はできますが、フォームで操作画面を作ると、1つのレコードに集中して編集することができます。入力や編集、確認がしやすく、見た目上もわかりやすくなり、関係のないレコードを誤って書き換えてしまうミスも起こりにくくなります。

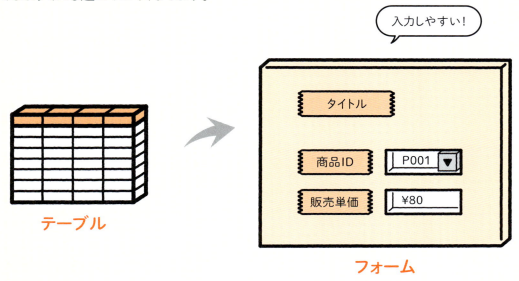

フォームを構成する要素

フォームでは、役割ごとに分かれている土台の領域のことを「セクション」、その上に載っている要素のことを「コントロール」と呼びます。コントロールには、キーボードでテキストを入力できる「テキストボックス」や、複数の値から選択して入力できる「コンボボックス」など、さまざまな種類があります。

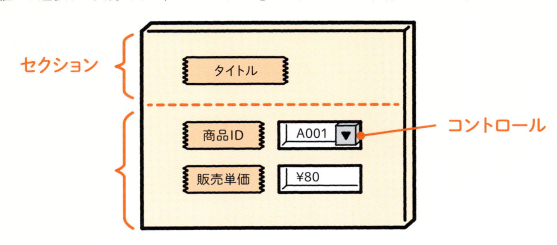

ウィザードを利用して単票形式のフォームを作成しよう

ここでは、「販売履歴」テーブルのデータを入力するフォームを作ります。
44ページでも解説した「ウィザード」機能を使って設定してみましょう。

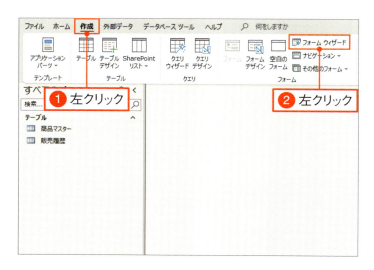

01 フォームウィザードを起動する

この章では、Chapter 5までと同じ構成の「販売履歴」テーブルに、300件のデータが登録されているものを使います。
22ページの方法で、ダウンロードサンプルの「Chapter6」フォルダーの「06-01a.accdb」を開きます。
［作成］タブを左クリックして❶、［フォームウィザード］を左クリックします❷。

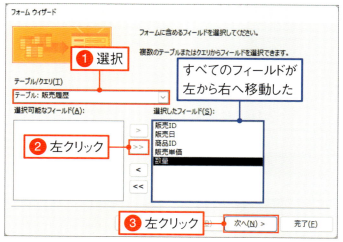

02 利用するテーブルとフィールドを選択する

［テーブル/クエリ］にて「テーブル:販売履歴」を選択します❶。 >> を左クリックします❷。すると、すべてのフィールドが左から右へ移動します。
［次へ］を左クリックします❸。

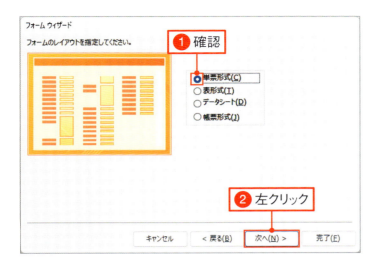

03 単票形式を選択する

［単票形式］が選択されていることを確認して❶、［次へ］を左クリックします❷。

Memo
単票形式は1つのレコードを1画面に表示するフォーム形式で、特定のレコードの入力や編集、確認がしやすくなります。

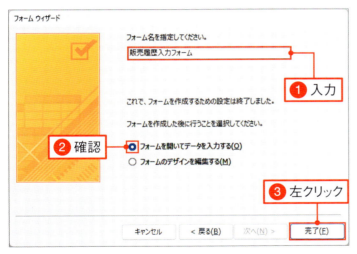

04 フォーム名を設定する

フォーム名に「販売履歴入力フォーム」と入力します❶。
［フォームを開いてデータを入力する］が選択されていることを確認して❷、［完了］を左クリックします❸。

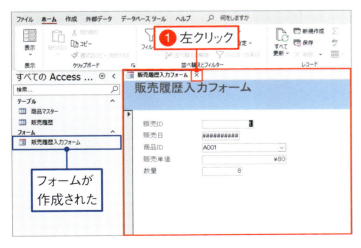

05 フォームが作成された

「販売履歴」テーブルを元にしたフォームが作成されます。
確認したら、☒（［閉じる］）を左クリックしてフォームを閉じます❶。

練習ファイル：06-02a　完成ファイル：06-02b

フォームを編集しよう

6-1で、ウィザードを使ってフォームを作成することができました。
自動作成しただけではレイアウトが崩れていることが多いので、修正を行いましょう。

セクションの高さを修正する

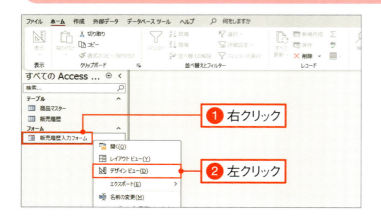

01 デザインビューで開く

ナビゲーションウィンドウの「販売履歴入力フォーム」を右クリックして❶、［デザインビュー］を左クリックします❷。

02 プロパティシートを開く

リボンの［フォームデザイン］タブを左クリックして❶、［プロパティシート］を左クリックします❷。
画面右側に［プロパティシート］が表示されます。

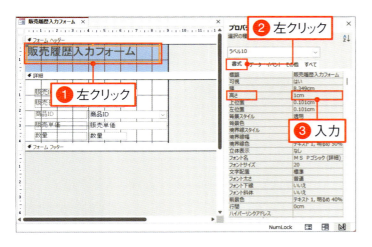

03 タイトルの高さを変更する

タイトルを左クリックして選択します❶。プロパティシートの［書式］タブを左クリックします❷。［高さ］を「1cm」に書き換えます❸。タイトルの高さが小さくなります。

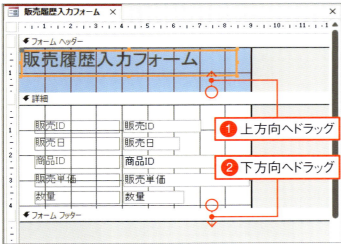

04 セクションの高さを変更する

［フォームヘッダー］セクションの下辺にカーソルを移動して ✥ に変わったら上方向へドラッグします❶。
［詳細］セクションの下辺にカーソルを移動して ✥ に変わったら下方向へドラッグします❷。

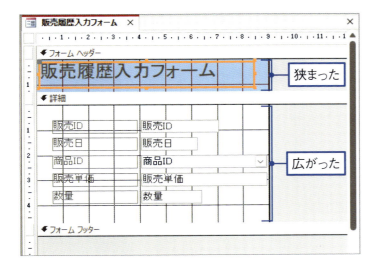

05 セクションの高さが変更できた

［フォームヘッダー］セクションの高さが狭くなり、［詳細］セクションの高さが広くなります。

レイアウトを設定する

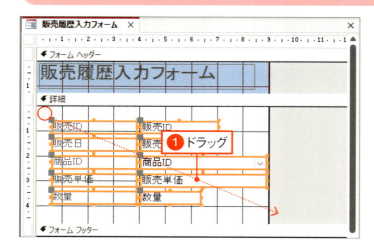

01 複数のコントロールを選択する

［詳細］セクションの左上で左クリックし、右下までドラッグします❶。
10個のコントロールが選択されます。

Memo
選択されているコントロールは枠がオレンジ色になります。

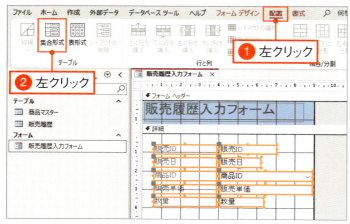

02 集合形式を設定する

［配置］タブを左クリックして❶、［集合形式］を左クリックします❷。

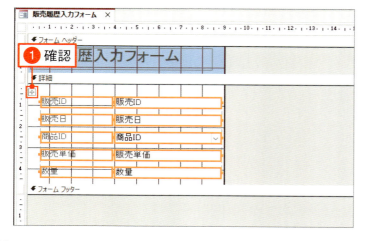

03 集合形式レイアウトが設定された

横2×縦5のコントロールがひとまとまりになります。レイアウトが設定されているコントロールは選択すると、左上に ⊞ が表示されるので確認します❶。

Memo
枠外のグレー部分を左クリックすると選択を解除できます。

幅を狭める

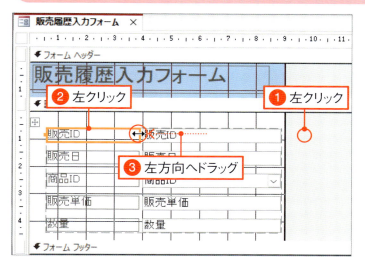

01 1つ選択してドラッグする

枠外のグレー部分を左クリックします❶。左列の「販売ID」を左クリックします❷。
「販売ID」のオレンジ色の枠の右端へカーソルを移動して、⇔に変わったら左方向へドラッグします❸。

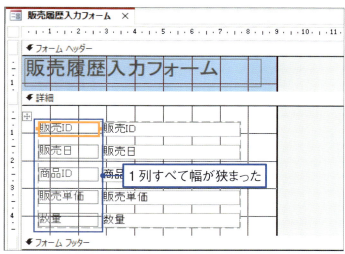

02 連動して幅が変更された

レイアウトが設定されているので、連動して1列すべての幅が同じ大きさになります。

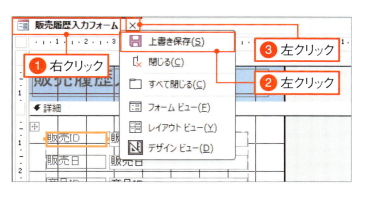

03 フォームを上書きして閉じる

作業ウィンドウのタブを右クリックして❶、表示されたメニューの［上書き保存］を左クリックします❷。✕（［閉じる］）を左クリックして❸、フォームを閉じます。

6-3

練習ファイル：なし　　完成ファイル：なし

フォームのしくみを確認しよう

ここまでの操作で、「販売履歴」テーブルへデータを入力できるフォームができました。
テーブルとフォームの関係性や、フォームのビューについて確認しておきましょう。

フォームとテーブルはつながっている

テーブルのデータをもとに作成したフォームは「連結フォーム」と呼ばれ、お互いがつながってデータを共有しています。連結フォームで書き換えたデータは、そのままテーブルに反映されます。

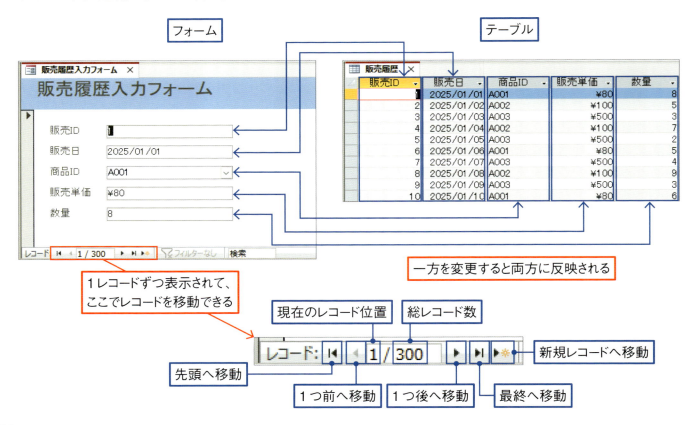

フォームにおける3つのビュー

フォームは、3つのビューを持っています。フォームを操作して実際にデータを編集することができる「フォームビュー」、フォームの詳細な設定ができる「デザインビュー」、データの中身を表示しながら調整できる「レイアウトビュー」があります。

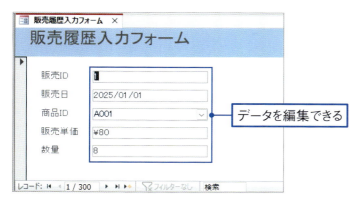

フォームビュー
フォームを操作して、データを編集できます。

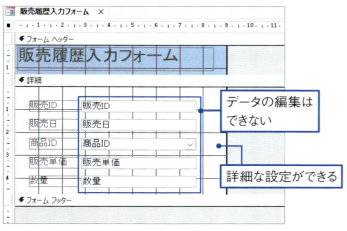

デザインビュー
フォーム全体の設定やセクションなどの骨組みを設定します。

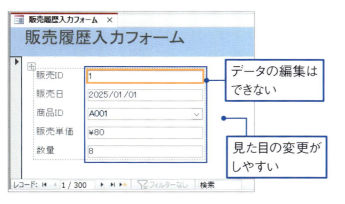

レイアウトビュー
データの中身を見ながらコントロールの位置や大きさなどを変更できます。

6-4 フォームを利用してデータを入力しよう

練習ファイル：06-04a　完成ファイル：06-04b

作成したフォームを使って、実際にデータを入力する方法を学びましょう。
連結フォームは、データの入力方法はテーブルのデータシートビューとほとんど同じです。
この操作で入力した内容は、そのままテーブルに反映されます。

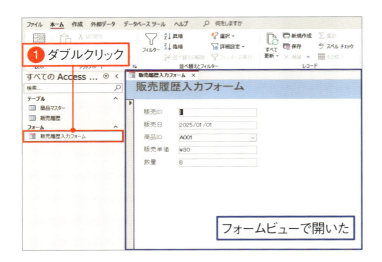

01 フォームビューで開く

ナビゲーションウィンドウの「販売履歴入力フォーム」をダブルクリックします❶。
フォームの既定のビューである、フォームビューで開きます。

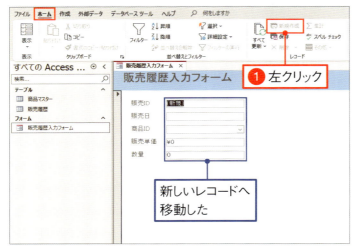

02 新しいレコードに移動する

［ホーム］タブの［新規作成］を左クリックします❶。新しいレコードへ移動します。

Memo
フォーム下部の ▶* （［新規レコード］）を左クリックしても、同じ操作ができます。

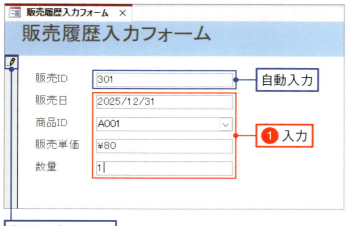

03 データを入力する

「販売ID」以外のフィールドへ左図のようにデータを入力します❶。左端に [編集中] が表示されている間は、データの変更は確定していません。

> **Memo**
> 「販売ID」は自動で入力されます。また「商品ID」は84ページで設定したルックアップフィールドにより選択式で入力できます。

04 入力を確定する

[ホーム] タブの [保存] を左クリックします❶。[編集中] が消えたことを確認します❷。
✕（[閉じる]）を左クリックしてフォームを閉じます❸。

> **Memo**
> 「レコードの移動」または「フォームを閉じる」操作でも入力が確定されます。

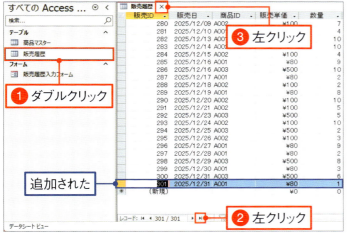

05 テーブルを確認する

ナビゲーションウィンドウの「販売履歴」テーブルをダブルクリックします❶。▶|（[最終へ移動]）を左クリックします❷。フォームから入力したレコードが追加されたことが確認できます。✕（[閉じる]）を左クリックしてテーブルを閉じます❸。

フォームを利用してデータを編集しよう

6-4で入力したデータを更新したり、削除したりする方法を学びましょう。
こちらも、テーブルのデータシートビューとほとんど同じ方法で操作します。
この操作で編集した内容は、そのままテーブルに反映されます。

データの更新

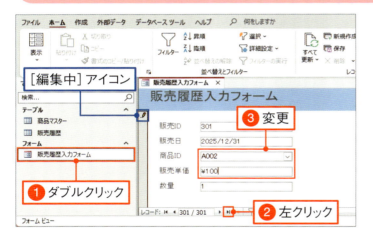

01 データを更新する

ナビゲーションウィンドウの「販売履歴入力フォーム」をダブルクリックして❶、フォームビューで開きます。▶|（[最終へ移動]）を左クリックして❷、最終レコードに移動します。左図のようにデータを変更します❸。左端に 🖉 が表示されます。

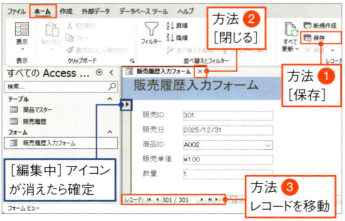

02 更新を確定する

保存方法は入力時と同じで3種類あります。[ホーム]タブの[保存]❶、フォームを閉じる❷、別のレコードへカーソルを移動する❸、どの方法でも構いません。
🖉 が消えたら、更新が確定されたことになります。

データの削除

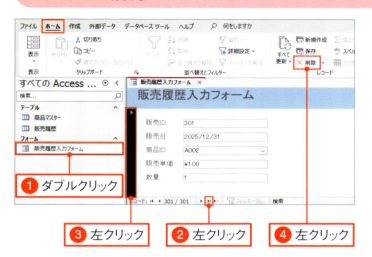

01 レコードを選択して削除する

ナビゲーションウィンドウの「販売履歴入力フォーム」をダブルクリックして❶、フォームビューで開きます。▶（[最終へ移動]）を左クリックして❷、最終レコードに移動します。レコード左端を左クリックして❸、[ホーム]タブの[削除]を左クリックします❹。

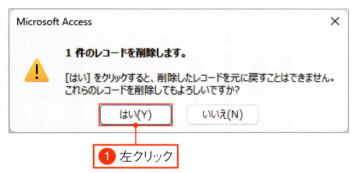

02 削除の確定を行う

確認メッセージが表示されるので、[はい]を左クリックします❶。
元に戻すことはできないので慎重に行ってください。

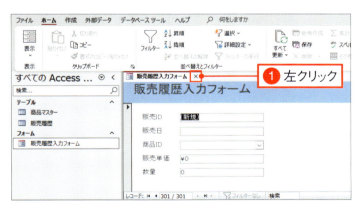

03 データが削除された

選択されたレコードが削除されます。
作業が終了したら ✕ （[閉じる]）を左クリックしてフォームを閉じます❶。

6-6 フォームを削除しよう

練習ファイル：06-06a　完成ファイル：06-06b

利用しないフォームは、削除を行いましょう。
もとに戻すことはできないので、慎重に行ってください。

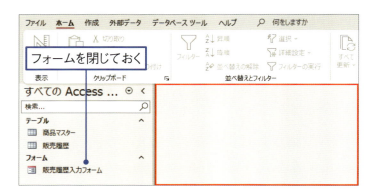

01 対象のフォームを閉じておく

削除対象のフォームを閉じておきます。開いている状態のフォームは削除できません。

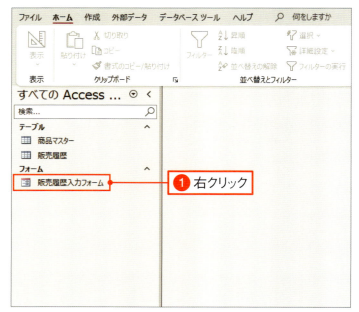

02 メニューを表示する

ナビゲーションウィンドウ上で、削除したいフォームを右クリックします❶。

03 ［削除］を選択する

表示されたメニューから［削除］を左クリックします❶。

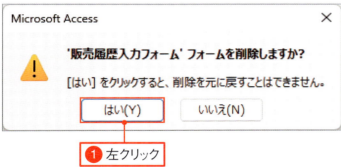

04 削除を確定する

確認メッセージが表示されるので、削除してよければ［はい］を左クリックします❶。

05 フォームが削除された

フォームが削除され、ナビゲーションウィンドウの表示も消えます。
最後に、画面右上の ✕（［閉じる］）を左クリックしてAccessを終了します❶。

第6章 練習問題

1 フォーム上でデータを編集するためのビューはどれですか？

1 　2 　3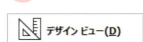

2 セクションはどれですか？

1 　2 　3

3 フォームや、フォーム内の要素を詳細に設定できるウィンドウの表示／非表示を切り替えられるのはどれですか？

1 　2 　3

Chapter

7

レポートを利用して
印刷しよう

この章では、レポートというオブジェクトについて学び
ます。
レポートは、データベースのデータを印刷するための
オブジェクトです。

> この章で学ぶこと

レポートについて理解しよう

データが格納されているテーブルには印刷する機能がありません。
そのため、印刷を行うための専用のオブジェクトである、レポートが用意されています。

テーブルには印刷機能がない

印刷を行うには、情報を適切に整理／配置し、色やフォントなどで装飾して体裁を整える機能が求められます。テーブルはデータの格納庫であり、可能な限りシンプルな状態で大量に保管することに特化しているため、印刷機能を持っていません。

Accessでは、テーブルは「データの保管」、レポートは「印刷」と、機能を分割することで、データベースとして最大限のパフォーマンスを発揮できるように設計されています。

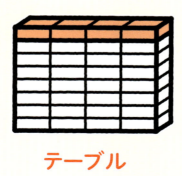
テーブル

レポート

レポートは「型」のようなもの

データはテーブルにあるので、レポート自体はデータを持ちません。レポートでは、印刷のためのレイアウトの「型」を作って、そこにテーブルのデータを表示して印刷します。

また、一般的なデータベースシステムの「操作」「処理」「データベース」の3層構造（120ページ参照）のうち、レポートは「操作」の層に位置して、データを活用する役割を持っています。

表形式と単票形式

データが表示される形式には、フィールド名が上部に横並びになり、その下に対応するレコードが複数行表示される「表形式」レイアウト、フィールド名とデータが一対で1レコードずつ表示される「単票形式」レイアウトがあります（単票形式は集合形式と呼ばれることもあります）。
レポートは表形式、フォームは単票形式が多く使われます。

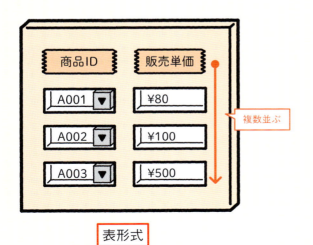

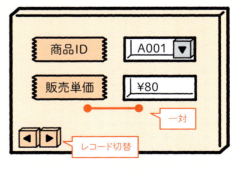

ウィザードを使って表形式のレポートを作成しよう

ここでは、「販売履歴」テーブルのデータを印刷するレポートを作ります。
122ページでも使った「ウィザード」機能を使って設定してみましょう。

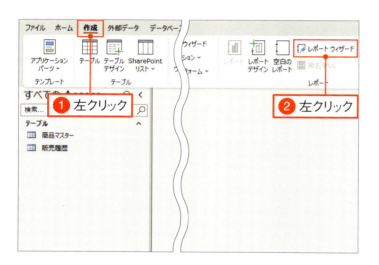

01 レポートウィザードを起動する

22ページの手順 01 〜 03 を参照して、ダウンロードサンプルの「Chapter7」フォルダーの「07-01a.accdb」を開きます。
[作成] タブを左クリックして❶、[レポートウィザード] を左クリックします❷。

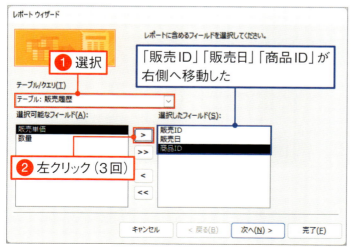

02 「販売履歴」テーブルからフィールドを選択する

[テーブル/クエリ] から「テーブル:販売履歴」を選択します❶。 > を3回左クリックします❷。すると、「販売ID」「販売日」「商品ID」フィールドが左から右へ移動します。

03 「商品マスター」テーブルを選択する

続いて、[テーブル/クエリ]から「テーブル：商品マスター」を選択して①、「商品名」フィールドを左クリックします②。

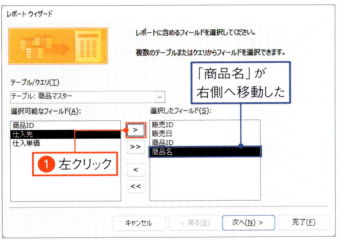

04 「商品マスター」テーブルからフィールドを選択する

[>]を左クリックします①。すると、「商品名」フィールドが左から右へ移動します。

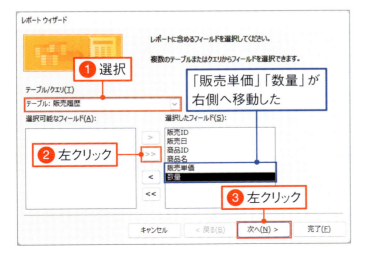

05 「販売履歴」テーブルからフィールドを選択する

再度、[テーブル/クエリ]から「テーブル：販売履歴」を選択して①、[>>]を左クリックします②。残りの「販売単価」「数量」フィールドが左から右へ移動します。
[次へ]を左クリックします③。

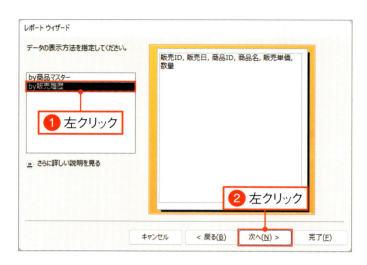

06 データの表示方法を指定する

[by販売履歴]を左クリックして❶、[次へ]を左クリックします❷。

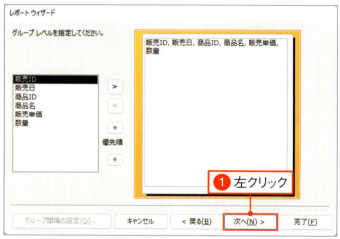

07 グループレベルを指定する

このサンプルではグループレベルは設けません。[次へ]を左クリックします❶。

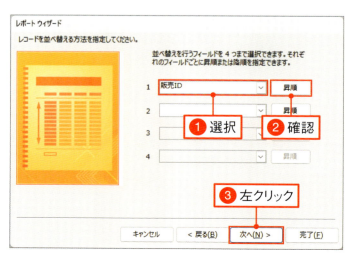

08 並び替えを指定する

「販売ID」を選択します❶。並び替えの順序が[昇順]であることを確認します❷。[次へ]を左クリックします❸。

09 表形式を選択する

レイアウトが［表形式］であることを確認して❶、［次へ］を左クリックします❷。

> **Memo**
> 表形式はフィールド名が上部に横並びになり、その下に対応するレコードが複数行表示される形で、多数のレコードを見渡しやすいレイアウトです。

10 レポート名を設定する

レポート名に「販売履歴レポート」と入力します❶。
［レポートをプレビューする］が選択されていることを確認して❷、［完了］を左クリックします❸。

11 レポートが作成できた

「販売履歴」テーブルを元にしたレポートが作成されます。
確認したら、✕（［閉じる］）を左クリックしてレポートを閉じます❶。

練習ファイル：07-02a　完成ファイル：07-02b

レポートを編集しよう

7-1で、ウィザードを使ってレポートを作成することができました。
自動作成しただけではレイアウトが崩れていることが多いので、修正を行いましょう。

レイアウトを設定する

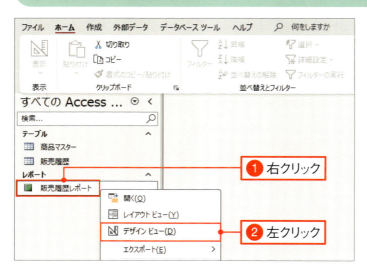

01 デザインビューで開く

ナビゲーションウィンドウの「販売履歴レポート」を右クリックして❶、[デザインビュー]を左クリックします❷。

02 複数のコントロールを選択する

[ページヘッダー]セクションの左上で左クリックし、[詳細]セクションの右下までドラッグします❶。
12個のコントロールが選択されます。

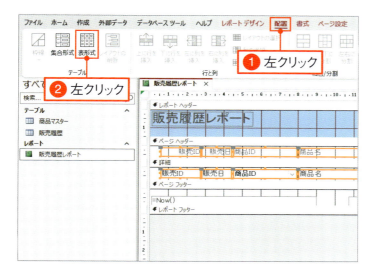

03 表形式を設定する

[配置] タブを左クリックして❶、[表形式] を左クリックします❷。

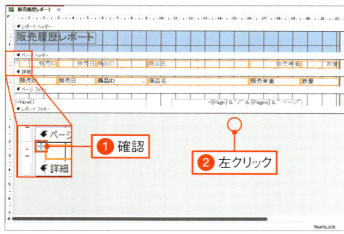

04 レイアウトが設定された

横6×縦2のコントロールがひとまとまりになります。レイアウトが設定されているコントロールは選択すると、左上に ⊞ が表示されるので確認します❶。
枠外のグレー部分を左クリックして❷、コントロールの選択を解除します。

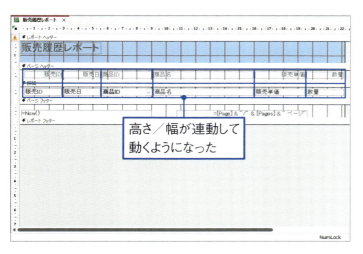

05 表形式レイアウトを確認する

レイアウトが設定されたコントロールは、行列の高さ／幅が連動して動きます。
位置を合わせて整列させたい項目に [表形式] を設定すると見た目が整います。

配置を整える

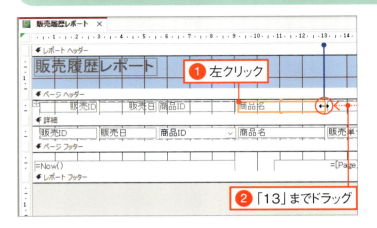

01 「商品名」の幅を狭める

[ページヘッダー] セクションの「商品名」を左クリックします❶。
「商品名」のオレンジ色の枠の右端へカーソルを移動して ↔ に変わったら、上部ルーラーの「13」まで左へドラッグします❷。

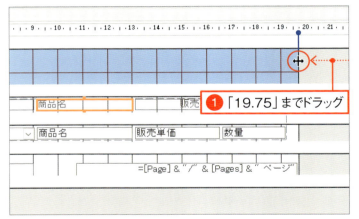

02 レポートの幅を狭める

レポート幅の右端にカーソルを移動して ✣ に変わったら、上部ルーラーの「19.75」まで左へドラッグします❶。

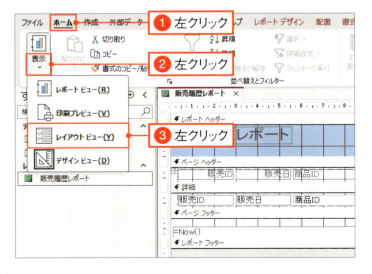

03 レイアウトビューに切り替える

[ホーム] タブを左クリックします❶。
[表示] の下部を左クリックして❷、[レイアウトビュー] を左クリックします❸。

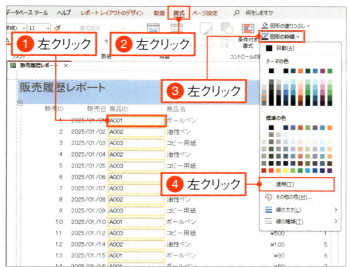

04 「商品ID」の枠を透明にする

先頭のレコードの「A001」を左クリックします❶。

[書式]タブを左クリックして❷、[図形の枠線]を左クリックして❸、[透明]を左クリックします❹。

05 選択を解除する

余白部分を左クリックします❶。
コントロールの選択が解除されて、枠線が透明になったことが確認できます。
また、手順 01 ～ 02 の操作で幅を調整した結果、すべてのフィールドがページ内に収まります。

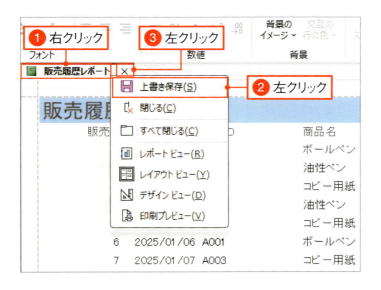

06 レポートを上書きして閉じる

作業ウィンドウのタブを右クリックして❶、表示されたメニューの[上書き保存]を左クリックします❷。
✕（[閉じる]）を左クリックします❸。

レポートのしくみを確認しよう

「販売履歴」テーブルのデータを印刷するレポートができました。
テーブルとレポートの関係性や、レポートのビューについて確認しておきましょう。

レポートとテーブルは一方方向でつながっている

レポートは、フォームとしくみがよく似ていて、テーブルと連結してデータを表示しています。
ただし、レポートでは情報は一方通行で、表示されるデータは読み取り専用です。レポート側からテーブルのデータは変更できません。

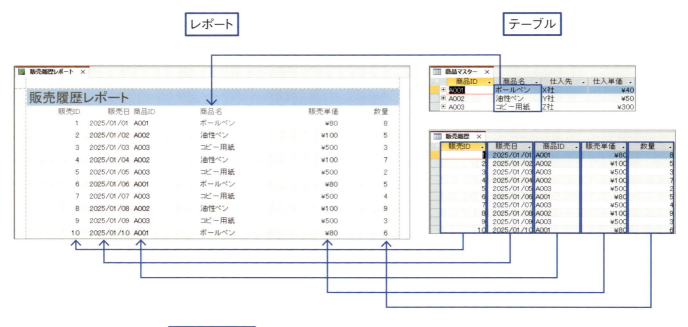

レポートにおける4つのビュー

レポートは、4つのビューを持っています。データの閲覧や絞り込みを行う「レポートビュー」、詳細な設定ができる「デザインビュー」、データの中身を表示しながら調整できる「レイアウトビュー」、紙面と同じ状態で表示される「印刷プレビュー」があります。

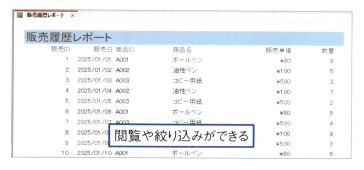

レポートビュー
データを閲覧するビューで、フィルターで絞り込みができます。

デザインビュー
レポート全体の設定やセクションなどの骨組みを設定します。

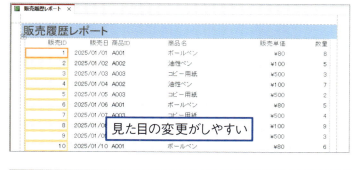

レイアウトビュー
データの中身を見ながらコントロールの位置や大きさなどを変更できます。

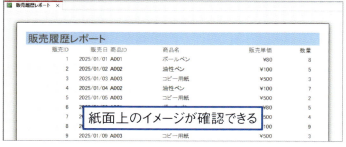

印刷プレビュー
ページの切り替え位置や総ページ数など、紙面に印刷される状態を確認できます。

印刷プレビューに切り替えて印刷しよう

練習ファイル：07-04a　完成ファイル：なし

作成したレポートで、印刷を行いましょう。
デザインビューやレイアウトビューで作りこんだあと、印刷プレビューから印刷します。

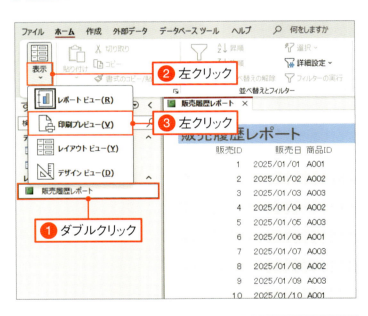

01 印刷プレビューで開く

ナビゲーションウィンドウの「販売履歴レポート」をダブルクリックします❶。既定のビューである、レポートビューで開きます。
[表示]の下部を左クリックして❷、[印刷プレビュー]を左クリックします❸。

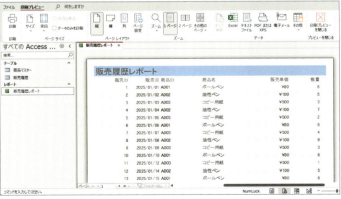

02 印刷プレビューを確認する

印刷プレビューに切り替わります。1ページずつの画面比率が100%の状態で表示されます。

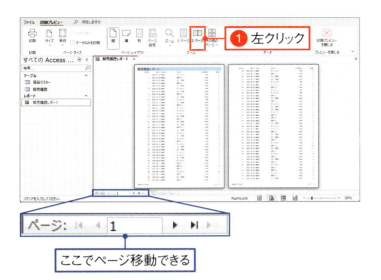

03 2ページ表示で内容を確認する

[2ページ]を左クリックします❶。
2ページずつ全体が収まる比率となり、どのように紙面へ印刷されるか確認しやすくなります。

> **Memo**
> ページ下部のコマンドでページの切り替えができます。

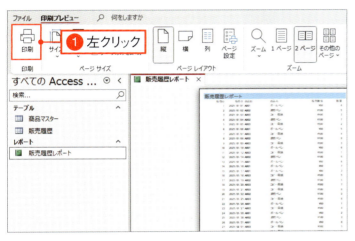

04 印刷する

[印刷]を左クリックします❶。
既定のプリンターで印刷が始まります。

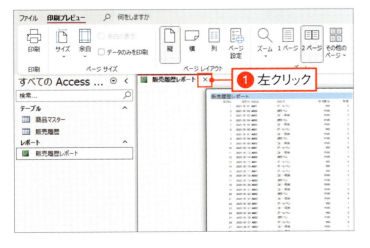

05 レポートを閉じる

×（[閉じる]）を左クリックしてレポートを閉じます❶。

レポートを削除しよう

利用しないレポートは、削除しましょう。
もとに戻すことはできないので、操作は慎重に行ってください。

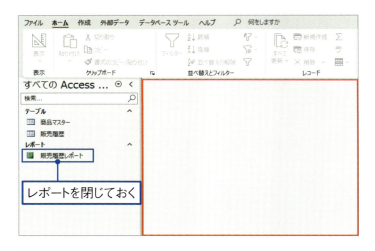

01 対象のレポートを閉じておく

削除対象のレポートを閉じておきます。開いている状態のレポートは削除できません。

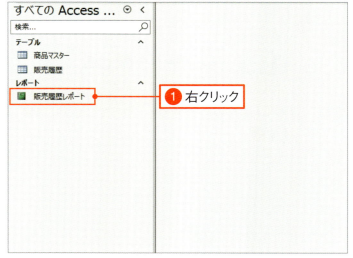

02 メニューを表示する

ナビゲーションウィンドウ上で、削除したいレポートを右クリックします❶。

03 [削除]を選択する

表示されたメニューから[削除]を左クリックします❶。

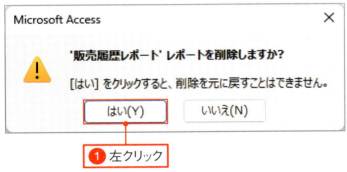

04 削除を確定する

確認メッセージが表示されるので、削除してよければ[はい]を左クリックします❶。

05 レポートが削除された

レポートが削除され、ナビゲーションウィンドウの表示も消えます。
最後に、画面右上の ✕ ([閉じる])を左クリックしてAccessを終了します❶。

第7章 練習問題

1 レポートはどんな目的のためのオブジェクトですか？

① データの保管 　② データの印刷 　③ データの変更

2 フィールド名が上部に横並びになり、その下に対応するレコードが複数行表示される形で、多数のレコードを見渡しやすい、レポートのレイアウトはどれですか？

① 単票形式 　② 表形式 　③ 帳票形式

3 レポートで紙面上のイメージを確認するためのビューはどれですか？

① レポートビュー(R) 　② 印刷プレビュー(V) 　③ レイアウトビュー(Y)

トラストセンターを設定する

サンプルファイルを開いた際に、[セキュリティリスク]のメッセージバーが表示される場合、次の手順でサンプルファイルを保存したフォルダーを[トラストセンター]の[信頼できる場所]に登録してください。

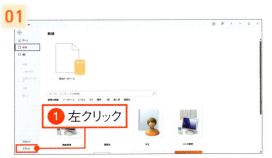

14ページの手順 01〜02 の方法でAccessを起動して、[オプション]を左クリックします❶。

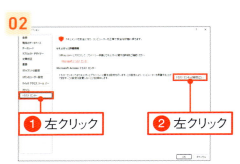

[Accessのオプション]ダイアログボックスが開くので、[トラストセンター]を左クリックします❶。続いて、[トラストセンターの設定]を左クリックします❷。

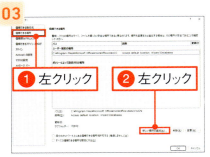

[トラストセンター]ダイアログボックスが開くので、[信頼できる場所]を左クリックします❶。続いて、[新しい場所の追加]を左クリックします❷。

[Microsoft Officeの信頼できる場所]ダイアログボックスが開くので、[参照]を左クリックします❶。

エクスプローラーが開くので、左から Windows(C:)（または ローカル ディスク(C:)）を左クリックし❶、右の「Sample」フォルダーを左クリックします❷。ここではダウンロードファイルを「C:¥Sample」に展開した前提で解説します。別のフォルダーに展開した場合は、そのフォルダーを指定してください。
最後に[OK]を左クリックします❸。

[Microsoft Officeの信頼できる場所]ダイアログボックスに戻るので、[パス]に「C:¥Sample」と表示されていることを確認して❶、[この場所のサブフォルダーも信頼する]にチェックを入れ❷、[OK]を左クリックします❸。
これで「C:¥Sample」が[信頼できる場所]に登録されるので、開いたダイアログボックスを順番に[OK]を左クリックして閉じ、Accessを終了させます。

155

練習問題の解答・解説

第1章

1 正解 2

2 がナビゲーションウィンドウです。作成したオブジェクトが一覧表示される場所です。
1 はリボンで、Accessで利用する機能がまとめられています。
3 は作業ウィンドウで、選択したオブジェクトが開かれ、その中で設定や操作を行います。

2 正解 3

3 の [閉じる] を左クリックすると、開いていたオブジェクトが閉じます。このとき、保存がされていない場合は、「保存しますか？」というメッセージが出ます。
2 のオブジェクト名を右クリックすると、操作可能なメニューが表示されます。

3 正解 3

Accessを終了させるには 3 を左クリックします。
1 は Accessを起動する際に左クリックします。
2 は開いているオブジェクトを上書き保存することができます。

第2章

1 正解 3

レコードはデータベースにおけるデータの最小単位で、表の横方向の1行全体を指します。
1 はフィールド名です。2 はフィールドで、表の縦方向の1列全体を指します。

2 正解 1

レコードが編集中のとき、左端にこのアイコンが表示され、保存されると消えます。
2 は主キーのアイコンで、レコードの重複を防ぐための制限です。
3 は入力前の新規レコードを表すアイコンです。

3 正解 1

入力のためのビューはデータシートビューです。2 は設計のためのビュー、3 はフォームとレポートの形を整えるビューです。

第3章

1 正解 1

データの抽出は 1 の選択クエリで行います。2 3 はデータに変更を加えるアクションクエリです。

2 正解 3

設定は 3 のデザインビューで行います。1 は結果を閲覧するビュー、2 はフォームやレポートを編集する際に利用するビューです。

3 正解 2

クエリは 2 のダブルクリックで実行します。1 は選択、3 はメニューが表示されます。

第4章

1 正解 1

マスターテーブルへは、データ群の基礎的な情報を収納します。
2 3 はトランザクションテーブルの特徴です。

2 正解 1

トランザクションテーブルは、データの量が多く、頻繁に増加する性質のデータを収納します。
2 3 はマスターテーブルの特徴です。

3 正解 2

2 の1対多のリレーションシップは、情報の重複を減らし、関連するデータをかんたんに検索できるようになります。
テーブルの数が多く複雑な構造になると、1 や 3 といった関係性のリレーションシップも存在します。

第5章

1 正解 2

選択クエリのデータシートビューにおいて、フィールドのデータを変更できなくするには、プロパティシートの[レコードセット]欄に 2 の[スナップショット]を設定します。 1 の[ダイナセット]ではデータを変更することができます。

2 正解 3

「未満」は「＜○」と書きます。 1 は「10より大きい」、2 は「10以下」の条件です。

3 正解 2

クエリで「グループ化」を行う場合、[クエリデザイン]タブの[集計]を左クリックします。 1 は更新クエリを作成する際に左クリックします。 3 は作成したクエリを実行する際に左クリックします。

第6章

1 正解 1

データの編集はフォームビューで行います。 2 は見た目の調整を行うビュー、3 は骨組みや詳細な設定を行うビューです。

2 正解 3

セクションは、3 のように役割によって区切られた領域のことを指します。
1 はコントロール、2 はルーラーです。

3 正解 2

フォーム上の要素を詳細に設定するには、2 のプロパティシートから行います。

第7章

1 正解 2

レポートは、2 の「データの印刷」のためのオブジェクトです。
1 の「データ保管」はテーブル、3 の「データの変更」はクエリの役割です。

2 正解 2

2 の表形式はテーブルや選択クエリの形と似ていて、限られた領域でたくさんのレコードを見渡せるので印刷形式によく用いられます。
1 の単票形式はデータが一対で1レコードずつ表示されるレイアウトです。
3 の帳票形式は複数のレコードを同時に表示／編集できる形式で、フォームで比較しながら入力するのに便利です。

3 正解 2

紙面上のイメージを確認するには、2 の印刷プレビューを利用します。
1 のレポートビューはフィルターで絞り込みを行うことができます。
3 のレイアウトビューはデータの中身を表示しながら配置などの調整ができるビューです。

Index

記号 数字 英字

＊	59
1 対多	71、81
accdb	14
Access	12、14
Access の画面構成	16
Access の起動	22
Access の終了	23
AND 条件	102
Between	62、107
Like	58
OR 条件	104
Twip	85
Where 条件	107

あ

アクションクエリ	42、93
値集合ソース	85
以上／以下	61
印刷プレビュー	149、150
ウィザード	44、122、140
上書き保存	18
演算フィールド	100
オブジェクト	12、18

か

空のデータベース	15
既定の動作	20
クイックアクセスツールバー	17

クエリ	13、42、92
クエリウィザード	45
クエリデザイン	48
クエリの削除	66
クエリの作成	45
クエリの実行	52
クエリの編集	54
グループ化	106
降順	65
更新クエリ	93、112
コントロール	121

さ

作業ウィンドウ	17
削除クエリ	93、116
サブデータシート	82
参照整合性	80
集計	106
集合形式	126
主キー	27
条件に合うデータ	56
昇順	65
書式	125
処理	120
新規作成	86、130
ステータスバー	17
スナップショット	99
セクション	121、125
選択クエリ	42、94
操作	120

158

た

タイトルバー	17
タブ	17
単票形式	123、139
抽出条件	56
追加クエリ	93、108
データ型	27
データシートビュー	37
データの更新	34
データの削除	35
データの入力	32
データベース	120
テーブル	13、26、71
テーブル結合	92
テーブルの削除	38
テーブルの作成	28
テーブルの追加	50
デザインビュー	36、129、149
特定の期間	62
閉じる	17、21、23
トランザクションテーブル	71、76

な は

ナビゲーションウィンドウ	17
並べ替え	64
ビュー	20
ビューの切り替え	17、43
表形式	139、143
フィールド	27、30

フィールド名	27、30
フォーム	13、120
フォームウィザード	122
フォームの削除	134
フォームの作成	122
フォームの編集	124
フォームビュー	129、130
複数のテーブル	70
プロパティシート	98、124
編集不可	98
保存	18

ま や ら わ

マスターテーブル	71、72
より大きい	60
リボン	17
リレーションシップ	71、78
リレーションシップの削除	88
ルックアップフィールド	84
レイアウトビュー	129、149
レコード	27
レポート	13、138
レポートウィザード	140
レポートの削除	152
レポートの編集	144
レポートビュー	149
ワイルドカード	59

■ 問い合わせについて

本書の内容に関するご質問は、下記の宛先までFAXまたは書面にてお送りください。なお電話によるご質問、および本書に記載されている内容以外の事柄に関するご質問にはお答えできかねます。あらかじめご了承ください。

〒162-0846
新宿区市谷左内町21-13
株式会社技術評論社　書籍編集部
「これからはじめる　Accessの本」
質問係
FAX番号　03-3513-6167
URL　https://book.gihyo.jp/116

なお、ご質問の際に記載いただいた個人情報は、ご質問の返答以外の目的には使用いたしません。また、ご質問の返答後は速やかに破棄させていただきます。

これからはじめる　Access（アクセス）の本（ほん）

2025年2月25日　初版　第1刷発行

著者	今村（いまむら）ゆうこ
発行者	片岡　巌
発行所	株式会社技術評論社
	東京都新宿区市谷左内町21-13
	電話　03-3513-6150　販売促進部
	03-3513-6160　書籍編集部
印刷／製本	株式会社シナノ

カバーデザイン	田邊恵里香
本文デザイン	ライラック
DTP	SeaGrape
編集	土井清志

定価はカバーに表示してあります。

本書の一部または全部を著作権法の定める範囲を超え、無断で複写、複製、転載、テープ化、ファイルに落とすことを禁じます。

©2025　今村ゆうこ

造本には細心の注意を払っておりますが、万一、乱丁（ページの乱れ）や落丁（ページの抜け）がございましたら、小社販売促進部までお送りください。送料小社負担にてお取り替えいたします。

ISBN978-4-297-14688-7 C3055
Printed in Japan